职业教育电工电子类基本课程系列教材

电力拖动实验

胡家炎　主编

电子工业出版社·

Publishing House of Electronics Industry

北京 · BEIJING

内 容 简 介

为满足社会对高技能人才的迫切需求，职业学校要坚持"提高学生动手能力，强化实验实训教学"的办学宗旨，本书正是在这一背景下编写的。全书共分三章，第一章主要介绍电力拖动实验所需的常用低压电器，第二章介绍电力拖动实验项目，第三章介绍安全用电基本知识。本书按从易到难的顺序，具体介绍了交流电动机的启动方式、可逆运转、制动和调速等实验内容，还设置了部分直流电动机控制电路实验项目。为了巩固实验成果，拓宽学生视野，每个实验项目都编设了思考与练习题。

本书的特点是实用性强和利用率高。在实验项目和内容的选定上充分考虑到职业学校的现有条件和学生基础，减少了理论篇幅，突出了学生动手能力和独立思考能力的培养。本书不仅可作为电力拖动课程的实验教材，还可作为其他相关课程的配套用书，也可作为电工技术培训教材和城乡电工的自学用书。

图书在版编目（CIP）数据

电力拖动实验/胡家炎主编. —北京：电子工业出版社，2015.5

ISBN 978-7-121-25994-4

Ⅰ．①电… Ⅱ．①胡… Ⅲ．①电力传动－实验－中等专业学校－教材 Ⅳ．①TM921

中国版本图书馆 CIP 数据核字（2015）第 094009 号

策划编辑：杨宏利　　　投稿邮箱：yhl@phei.com.cn
责任编辑：杨宏利　　　特约编辑：李淑寒
印　　刷：三河市华成印务有限公司
装　　订：三河市华成印务有限公司
出版发行：电子工业出版社
　　　　　北京市海淀区万寿路 173 信箱　　邮编 100036
开　　本：787×1 092　1/16　印张：10.25　字数：262.4 千字
版　　次：2015 年 5 月第 1 版
印　　次：2015 年 5 月第 1 次印刷
定　　价：24.00 元

前　言

随着科学技术的不断发展，工业企业自动化、机械化程度将越来越高，电力拖动技术的应用也越来越广泛。为了促进本专业课程的学习，使学习者做到理论联系实际，提高学习兴趣，并遵循以就业为导向、以能力为本位的职业教育指导思想，更好地培养学生的操作技能和实践能力，特编写《电力拖动实验》，希望为本专业课程的实验教学起到有效的指导作用。

众所周知，电能是当今世界应用最广泛的一种能量形式。而电力拖动是用电能去驱动和控制各类生产机械和动力装置的专门技术。凡是有使用电动机的场所，都离不开电力拖动技术的应用。电力拖动专业技术不仅应用于工业企业，而且应用于矿山机械、交通运输、建筑、院校等各行各业。电力拖动课程也是职业院校电类专业和机械专业不可缺少的专业课程。有些类似课程尽管在名称上有差异，但技术内容还是大同小异的。本书编撰内容的选定根据电力拖动课程技术的特点分为三章内容进行撰写。第一章主要介绍电力拖动控制电路中常用的低压电器。该部分内容主要使学生对常用低压电器的结构、原理、选用原则加深理解，为电力拖动实验奠定良好的基础。第二章内容主要围绕电动机的各种工作状态，并结合生产实践的需要和职业学校的条件，按从易到难的顺序，选择了实用性较强的二十二个项目进行研究。每个项目以实验目的、原理说明、实验设备、实验内容、注意事项、实验成绩评定等内容进行撰写。第三章主要介绍安全用电基本知识。同时，为了巩固实验教学成果，每个实验项目都编设了思考与练习题，用以拓展学员的思路，从实践中加深对实验课题电气原理的理解。各实验项目的实验设备可利用电力拖动实验台及带有电力拖动挂箱的电工实验台进行实验，也可利用安装板、电器元件组装成控制电路进行实验。

本书既可作职业院校电力拖动实验课的教科书，又可作特种作业培训中心低压电工作业操作证考试培训班学员用书和维修电工技能培训教材，也可供电气技术爱好者和机床电气调试维修人员参考。该书可与《电力拖动》、《电机与电气控制》、《电机与拖动基础》、《电工与电子技术》、《电机拖动与控制技术》、《维修电工技术》、《机床电气设备运行与维修》等教科书配套使用。

本书由胡家炎主编，完成文字手稿后由胡媛、章亮同志担任文字录入、图表编制和初稿编辑与校对工作。本书经过了国家电网黄山供电公司陈绩生老师认真审阅，在此表示衷心感谢。另本书在图样编辑过程中得到了何贤海、程祖乐、许君老师的热情协助，在此也表示诚挚谢意。由于编写过程时间仓促，编者水平有限，如有不妥之处敬请各位读者批评指正。

2014 年 5 月

目 录

第一章

常用低压电器

常用低压电器是组成电力拖动控制电路的基本元件。所谓低压电器通常是指工作在交流 1000V、直流 1200V 及以下的电器。低压电器分为配电电器与控制电器两大类。配电电器以开关类电器为主，多数用于主电路中；控制电器以接触器、继电器、主令电器为主，除接触器外，多数用于控制电路中。由于低压电器的种类繁多，下面将对电力拖动控制电路中最常用的低压电器做简单介绍。

第一节　开启式负荷开关

1. 开关简介

开启式负荷开关也称瓷底胶盖刀开关。开关以 HK 系列为主，不设专门的灭弧设备，采用胶木盖防止电弧灼伤人手，但操作者在拉合闸过程中必须动作迅速，使电弧尽快熄灭。该开关在内部装设了熔丝，具备短路保护功能。该开关有二极、三极之分，额定电流有 15A、30A、60A 三种规格。二极的通常用于一般电路作为隔离或负荷开关，三极的可控制 5.5kW 以内交流电动机的正常运行。该类开关在安装时，应特别注意，不可倒装，即闸刀在合闸状态时，手柄应向上，以防误合闸

2. 开关外形图

二极开启式负荷开关外形图如图 1-1 所示。

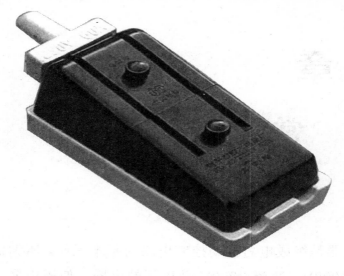

图 1-1　二极开启式负荷开关外形图

第二节　转换开关

1．开关简介

转换开关又称组合开关，属于手动控制电器。该类开关的结构特点是用动触片代替闸刀，采用旋转操作方式。有单极与多极之分，可作为电源开关，或用于控制 5.5kW 以下电动机的启动、停止和反转。转换开关的种类较多，其中有 10A、25A、60A、100A 等多种规格，额定电压为直流 220V、交流 380V。Hz10—25/3 型转换开关表示该开关额定电流为 25A，有 3 对动、静触片，手柄能沿左右方向旋转，每次旋转 90° 则带动 3 对动、静触片接通或断开，从而控制三相电源的通断。Hz10 系列转换开关额定电流一般取电动机额定电流的 1.5～2.5 倍。

还有一种转换开关是 LW 系列，称为万能转换开关。其结构由多层凸轮和与之对应的触点及底座叠装而成。由于这类开关挡位多，触点多，触点功能多，故有"万能"之称。该类开关常用于控制小容量电动机的启动、停止、调速和正反转，也可作为电压表、电流表的换相开关。

2．开关外形图

常用转换开关外形图如图 1-2 所示。

图 1-2 常用转换开关外形图

第三节 自动开关

自动开关又称自动空气开关或自动空气断路器。自动开关除了接通和分断负荷电路外，还具有过载、短路、失压等保护功能。如在电路中出现以上三种故障，自动开关会自动切断电源，故有"自动"之称。其特点是分断能力强、操作安全。自动开关有塑壳式（装置式）、框架式（万能式）两种。

1．结构

自动开关的结构因类型的不同差异较大，但基本的保护功能、结构特点还是相似的。常用的塑壳式自动开关有 DZ5、DZ15、DZ20、DZX 等系列，该类开关额定电流在 630A 以内，大部分开关只有过载和短路保护功能，欠压保护功能只在用户有特殊需要时才设置。其主要结构由动、静触片，灭弧室，热脱扣器，电磁脱扣器，操作机构及外壳等部分组成。DZ5 系列塑壳式自动开关外形图如图 1-3 所示。

万能式自动开关的结构特点是所有零部件均安装在框架上，故又称框架式自动开关。该类开关要用于低压电路中不频繁接通和分断容量较大的电路。其额定电流从 200A 起，可达到 2500A 甚至 4000A。该类开关一般都有过载、短路、欠压三种保护功能，操作方式有手动式和电动式两种。

图 1-3　DZ5 系列塑壳式自动开关外形图

常用万能式自动开关有 DW10、DW15 等系列，DW 型自动开关有手动式和电动式。电动式中又有普通型和智能型，智能型万能式自动开关外形图如图 1-4 所示。

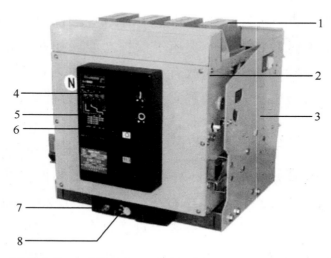

1—天弧罩；2—开关本体；3—抽屉座；4—合闸按钮；5—分闸按钮；6—智能脱扣器；

7—摇匀柄插入位置；8—连接/试验/分离指示

图 1-4　智能型万能式自动开关外形图

2．自动开关工作原理

自动开关原理图如图 1-5 所示。

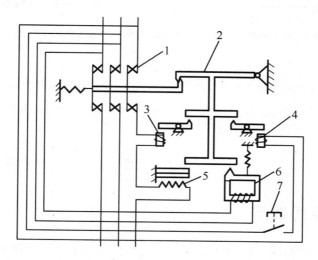

1—主触头；2—搭钩；3—电磁线圈；4—分励线圈；5—发热元件；6—失压脱扣器；7—分励按钮

图 1-5 自动开关原理图

自动开关过载保护由热脱扣器完成，短路保护由电磁脱扣器完成，欠压保护由欠压脱扣器完成。三极开关的主触头、电磁线圈、发热元件串联在主电路中。手动合闸时，主触头由锁扣勾住搭钩，克服弹簧拉力保持闭合状态，电路正常运行。电路过载时，发热元件热量增大，双金属片受热弯曲严重，将杠杆顶开分断主触头，实现过载保护。当电路出现短路故障时，过大的短路电流通过电磁脱扣器的电磁线圈，使衔铁迅速吸合，撞击杠杆，顶开搭钩，瞬时断开主触头，起到短路保护作用。欠压保护脱扣器中的欠压线圈并联在主电路中。电压正常时，欠压脱扣器中的动、静铁芯吸合，弹簧拉伸；电源电压严重下降时，动、静铁芯中电磁吸力不足，衔铁被弹簧拉开，撞击杠杆，将搭钩顶开，分断主电路，从而实现欠电压保护。

3．自动开关型号含义

自动开关型号含义如图 1-6 所示。

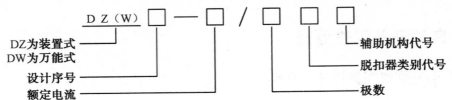

辅助机构代号：0表示无辅助触头，2表示有辅助触头，3表示有欠压线圈，7表示既有欠压线圈又有辅助触头。

脱扣器类别代号：1表示热脱扣器，2表示电磁脱扣器，3表示复式脱扣器。

注：由于自动开关型号较多，有些生产厂家以企业标准来确定型号，因此选型时要认真阅读产品说明书。

图1-6　自动开关型号含义

4．自动开关的选用

自动开关的选用要考虑较多因素，但最主要的还是额定电流和热脱扣器整定电流的选择。自动开关额定电流和额定电压应不小于电路的正常工作电流和工作电压。热脱扣器整定电流与被控电动机额定电流和其他负载电流一致，必要时可偏大一点，一般不宜超过1.15倍，否则过载保护功能会下降。作为总开关的自动开关热脱扣器电流可以再大一点，但也不应超过所有负载的额定电流之和。电磁脱扣器瞬间动作整定电流的选择，分两种情况。用于控制照明电路时，电磁脱扣器瞬间动作整定电流一般取负载电流的3～6倍；用于电动机保护时，装置式自动开关电磁脱扣器整定电流为电动机启动电流的1.7倍。不过一般情况下，用户可以不提电磁脱扣器的整定电流，开关生产厂家通常以10倍热脱扣器整定电流来确定。由于电磁脱扣器整定电流是做短路保护的，即使瞬间动作电流整定值偏大一点也同样能起到保护作用。

万能式自动开关热脱扣器整定电流应等于或略大于电路中负载电流之和；电磁脱扣器整定电流宜选取电动机启动电流的1.3倍，如用于多台电动机总保护，电磁脱扣器整定电流为容量最大的电动机启动电流的1.3倍，再加上其余电动机额定电流之和。

自动开关整定电流的选择原则是既要考虑保护效果，又不能造成误动作；同时，还要考虑配合上、下级开关的保护特性，不允许因本级保护开关不动

作而导致越级跳闸的现象发生。

第四节　按钮开关

　　按钮开关简称按钮，是一种手动电器。它适用于交流 500V、直流 440V、电流为 5A 及以下的电路。由于按钮的额定电流较小，所以它只适用于二次电路，不适用于直接控制主电路。

　　按钮的型号规格较多，常用的有 LA2、LA18、LA19、LA20 等系列。其结构主要由按钮帽、复位弹簧、常闭触点、常开触点、接线桩及外壳组成。

1．常用按钮的型号含义

　　常用按钮的型号含义如图 1-7 所示。

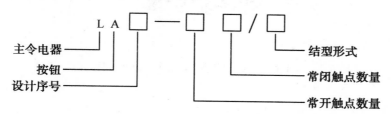

结构形式：K—开启式，H—保护式，Y—钥匙式，J—紧急式，

D—带灯式，X—旋钮式，S—防水式，F—防腐式

图 1-7　常用按钮的型号含义

2．按钮开关的选用

　　按钮开关有不同的触点数量和触点形式，所以可分为常开按钮、常闭按钮和复合按钮。复合按钮在使用时既用常开触点，又用常闭触点。按动时常闭触点断开，常开触点闭合，不过常开常闭触点的动作有一微小的时间差，即常闭触点先断开，常开触点再闭合；松开时常开触点先复位，而后常闭触点再复位。因此，按钮的选用应先考虑好型号，再根据使用场合的要求，结合按钮的特点进行综合考虑。一般情况下，常开按钮用做电动机的启动按钮，常闭按钮用做电动机的停止按钮。普通按钮有两对常开触点、两对常闭触点，特殊情况下还可以组合成六对常开触点或六对常闭触点。另外在实际应用时，还要考虑按钮

颜色，一般启动按钮用绿色，停止按钮用红色，特殊结构形式应根据使用要求进行合理选定。

3．按钮开关外形图

LA18 型按钮开关外形图如图 1-8 所示。

图 1-8　LA18 型按钮开关外形图

第五节　行程开关

行程开关又叫位置开关，属于主令电器的一种。其作用和按钮开关相同，都是对控制电路发出接通与断开及信号转换等指令的电器。所不同的是按钮靠手动操作，而行程开关靠生产机械的某些运动部件对它的传动部位发生碰撞而令其触点动作、分断或转换电路，从而限制生产机械的行程、位置或改变运动状态。因此，它是电气自动化中不可缺少的低压电器。行程开关的型号规格也很多，但根据使用场合的不同，一般分为普通场合用和机床控制电路用两大类 。常用的有 LX2、LX19 和 JLXK1 等系列。

1．常用行程开关型号含义

常用行程开关型号含义如图 1-9 所示。

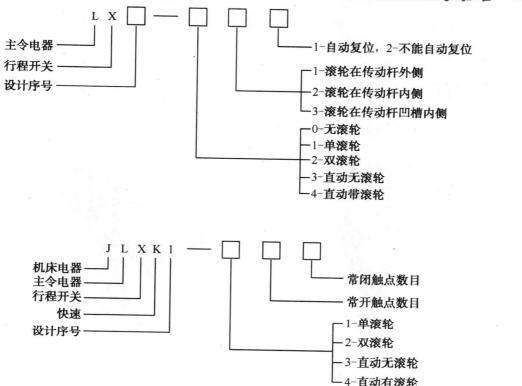

图 1-9　常用行程开关型号含义

2．行程开关的选用

行程开关的选用应根据使用现场的要求与条件、被控制电路的特点来综合考虑。行程开关与生产机械的碰撞有不同的形式，常用的碰撞形式有直动式（即按钮式）与滚轮式（即旋转式）。而滚轮式又分为单滚轮式和双滚轮式两种。单滚轮式具有自动复位功能，运动中的挡块碰撞单滚轮后，行程开关触点立即动作，即常闭触点断开，指令生产机械停车，同时常开触点闭合，接通需要控制的电路。当挡块移开滚轮位置时，行程开关触点就立即复位，为下一次动作做准备。但双滚轮行程开关一般不具备自动复位功能。在使用中，当生产机械挡块碰撞第一个滚轮时，行程开关触点动作，发出信号指令；当生产机械挡块离开滚轮后，触点不能自动复位，必须等到生产机械挡块碰撞第二个滚轮时，触点方能复位。因此，用户一定要仔细了解使用场合的需要，再根据开关的特点，选择合适的行程开关型号。

另外，行程开关在使用时，要严格控制安装质量。安装位置要精确，切不

可偏离。滚轮方向不能装反，与生产机械挡块的碰撞位置应符合电路要求，否则将无法实现准确的行程控制。

3．行程开关外形图

行程开关外形图如图 1-10 所示。

图 1-10　行程开关外形图

第六节　熔断器

熔断器是在低压电器控制线路中使用的一种最简单的过载和短路保护电器。它主要由熔体和安装熔体的熔座两部分组成。熔体是熔断器的主要组成部分。熔体的材料有两种：一种是低熔点材料，如锡、铅、锌以及锡铅合金，由于熔点低，一般用于小电流电路中；另一种是高熔点材料，如银、铜等，一般用于大电流电路中，这种材料的熔断器过载保护效果差，只能起短路保护作用。

一般熔断器的熔体都有额定电流和熔断电流两个参数。额定电流是指长时间通过熔体而不熔断的电流值。熔断电流一般是熔体额定电流的 2 倍。当通过熔体的电流为额定电流的 1.6 倍时，熔体应在 1 小时以内熔断；当通过熔体的电流达到 6～10 倍额定电流时，熔体应在瞬间熔断。由于熔断器对过载保护反应不灵敏，所以它在电动机控制线路中不能做过载保护，而只能做短路保护。

1．常用熔断器的种类

常用熔断器有瓷插式 RC1A 系列、螺旋式 RL1 系列、无填料封闭管式 RM10 系列、有填料 RT 系列及快速熔断器 RLS 系列等。

1）瓷插式熔断器

RC1A 系列瓷插式熔断器由瓷盖，瓷底，动、静触头和熔体等部分组成。

瓷插式熔断器的特点是结构简单，价格便宜，一般用在照明配电线路中。其型号含义如图 1-11 所示。

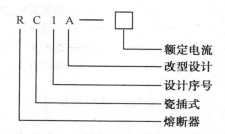

图 1-11　瓷插式熔断器型号含义

RC1A 系列瓷插式熔断器的额定电压为 380V，额定电流有 7 个等级，熔丝接在瓷器内的两个动触头上，使用时将瓷盖合于瓷座上即可。

2）螺旋式熔断器

RL1 系列螺旋式熔断器主要由瓷帽，熔断管，瓷套，上、下接线端及瓷座等部分组成。其外形如图 1-12 所示。

图 1-12　RL1 系列螺旋式熔断器外形图

螺旋式熔断器的熔断管是一个瓷管，除了装熔丝外，在熔丝周围还填满石英砂，用于熄灭电弧。

熔断管的上端有一个小红点，熔丝熔断后，小红点会自动脱落，表示熔丝已熔断。装接时，将电源线接到瓷座上的下接线端，设备接到连接金属螺纹壳的上接线端，从而保证在更换熔芯时旋出瓷帽后，螺纹壳上不带电。

螺旋式熔断器的型号含义如图 1-13 所示。

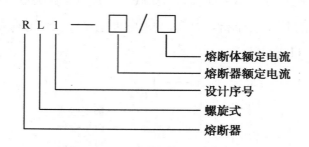

图 1-13　螺旋式熔断器型号含义

RL1 系列螺旋式熔断器额定电压为 500V，额定电流有 4 个等级。这种熔断器的特点是体积小，安装面积小，更换熔芯方便，安全可靠，一般用于额定电压 500V、额定电流 200A 以下的交流电路，或在电动机控制电路中做短路保护。

2．常用小容量低压熔断器技术数据

常用小容量低压熔断器技术数据见表 1-1。

表 1-1　常用小容量低压熔断器技术数据

类别	型号	额定电压（V）	额定电流（A）	熔体额定电流等级（A）
瓷插式熔断器	RC1A	380	5	2、4、5
			10	2、4、6、10
			15	6、10、15
			30	15、20、25、30
			60	30、40、50、60
			100	60、80、100
			200	100、120、150、200

续表

类别	型号	额定电压（V）	额定电流（A）	熔体额定电流等级（A）
螺旋式熔断器	RL1	500	15	2、4、5、6、10、15
			60	20、25、30、35、40、50、60
			100	60、80、100
			200	100、125、150、200
管式熔断器	RT14	380	20	2、4、6、10、16、20
			32	2、4、6、10、16、20、25、32
			63	10、16、20、25、32、40、50、60

3．熔断器的选择

1）类型的选择

一般根据使用场合来选择熔断器的类型，但没有严格的界限。

电网配电一般用管式熔断器，电动机保护一般用螺旋式熔断器，照明电路一般用瓷插式熔断器，晶闸管保护应选择快速熔断器。

2）熔断器规格的选择

对于照明和电热设备等电阻性负载电路的保护，熔体的额定电流应稍大于或等于负载额定电流，必要时还可以小 10%。

对于电动机的保护，熔体额定电流的选择分以下两种情况。

（1）单台电动机：熔体额定电流=1.5～2.5 倍电动机额定电流。

（2）多台电动机：熔体额定电流=1.5～2.5 倍容量最大的电动机额定电流+其余电动机额定电流之和。

熔断器的额定电压和额定电流应不小于线路的额定电压和所装熔体的额定电流。

第七节 接触器

接触器是一种用来频繁接通和切断电动机或其他负载主电路并且能够实现

远距离控制的电器。按分断的电流种类不同，接触器分为交流接触器和直流接触器两种。

1．交流接触器

交流接触器通常用于远距离接通和分断电压在 380V 以内、电流在 600A 以内的工频交流电路，以及频繁启动和控制交流电动机。CJ20 系列接触器可控制电流更大的交流电路。

1）交流接触器的结构

交流接触器主要由触头系统、电磁系统和灭弧装置三大部分组成。

触头系统由两部分组成，一部分是主触头，另一部分是辅助触头。主触头用来连接和断开主电路，接触器额定电流就是指主触头长期允许通过的电流，一般由三对常开触头组成，体积较大。辅助触头用在通断小电流的控制电路中，体积较小，额定电流一般都在 5A 以内。辅助触头分常开和常闭两种。常开触头又叫动合触头，是指线圈未通电时其动、静触头处于断开状态，线圈一通电，触头马上闭合；常闭触头的状态跟常开触头相反。接触器的常开触头与常闭触头是联动的，但二者之间有一个很短的时间间隔，即线圈通电时，常闭触头先断开，常开触头随即闭合；当线圈断电时，常开触头先恢复断开，随即常闭触头恢复原来的闭合状态。

电磁系统是用来控制触头的闭合和断开的，由静铁芯、动铁芯和吸引线圈三部分组成。线圈通电，铁芯被磁化，产生足够的电磁吸力，动、静铁芯闭合，通过连杆带动触头动作。其中主触头闭合，接通主电路；辅助触头动作，控制二次电路。

灭弧装置主要采用灭弧罩，根据栅片灭弧原理，将主触头断开时产生的强电弧利用栅片切成短弧，使电弧的热量尽快散发，促使强电弧熄灭，从而提高触头的使用寿命。

2）交流接触器的型号含义

交流接触器的型号含义如图 1-14 所示。

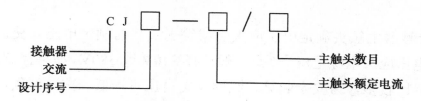

图 1-14　交流接触器的型号含义

3）交流接触器技术参数

交流接触器型号很多,目前较常用的 CJ20 系列交流接触器技术参数见表 1-2。

表 1-2　CJ20 系列交流接触器技术参数

型　号	触点额定电压（V）	主触头额定电流（A）	辅助触头额定电流（A）	线圈额定电压（V）	可控制三相交流电动机最大功率（kW）		额定操作频率（次/h）
					220 V	380 V	
CJ20—10		10			2.5	4	
CJ20—16		16			4.5	7.5	
CJ20—25		25			5.5	11	≤1200
CJ20—40	500	40	5	36、127 220、380	11	22	
CJ20—63		63			18	30	
CJ20—100		100			28	50	
CJ20—160		160			48	85	
CJ20—250		250		127 220、380	80	132	≤600
CJ20—400		400			115	220	
CJ20—630		630			175	300	

注：额定电流大于 630A 的接触器因不太常用，其技术参数未列入。

4）交流接触器的选择

交流接触器主触头的额定电流应大于负载电路的额定电流，对于一般性负载，交流接触器额定电流取 1.1～1.3 倍负载电流为宜。但对于频繁启动和频繁正反转的使用场合，交流接触器额定电流还要增大一级。

交流接触器主触头额定电压应大于或等于负载的额定电压。交流接触器吸引线圈的电压应与电源电压一致，一般选择 220V 或 380V。如果控制线路复杂，使用的电器比较多，为安全起见，线圈额定电压可选低一些，但须增设一个控制变压器。

常用交流接触器的外形如图 1-15 所示。

图 1-15　常用交流接触器外形图

2．直流接触器

直流接触器主要用于接通和分断额定电压在 440V 以内、额定电流在 600A 以内的直流电路，或直接控制直流电动机的低压电器。直流接触器的结构与交流接触器大同小异，也是由触头系统、电磁系统和灭弧装置三大部分组成。由于直流接触器主要用于控制直流设备，电磁线圈中通的是直流电，铁芯中不需要短路环。灭弧装置主要采用磁吹式灭弧装置。直流接触器常用型号为 CZO 系列，其额定电流为 40～600A，线圈电压为 24～220V。直流接触器由于通的是直流电，不产生冲击启动电流，从而就不产生铁芯猛烈撞击现象，因此寿命长，适用于频繁启动的场合。CZO 系列直流接触器主要技术数据见表 1-3。

表 1-3 CZO 系列直流接触器主要技术数据

型号	额定电压（V）	额定电流（A）	主触点		最大分断电流（A）	辅助触点		吸引电压（V）
			常开	常闭		常开	常闭	
CZO—40/20		40	2	0	160	2	2	
CZO—40/02		40	0	2	100	2	2	
CZ0—100/10		100	1	0	400	2	2	
CZ0—100/01		100	0	1	250	2	1	
CZ0—150/10		150	1	0	600	2	2	24
CZ0—150/01	440	150	0	1	375	2	1	48
CZ0—250/10		250	1	0	1000			110
CZ0—250/20		250	2	0	1000	共 5 对，其中 1 对为固定常开，另 4 对可任意组合		220
CZ0—400/10		400	1	0	1600			
CZ0—400/20		400	2	0	1600			
CZ0—600/10		600	1	0	2400			

第八节 热继电器

热继电器是利用电流的热效应来切换电路的保护电器。当电流通过发热元件时产生热量，使双金属片受热弯曲推动触点动作，从而实现对电动机的过载保护、断相保护及电流不平衡运行保护。

1．热继电器的结构与外形

热继电器主要由发热元件、双金属片、触头系统、动作机构、复位按钮等部分组成。其中发热元件是由特殊的材料制成的电阻丝，双金属片是由两种热膨胀系数不同的金属片焊合而成的。使用时将电阻丝串联在主电路中，电路过载时，发热量增大，使双金属片弯曲程度增大而推动触点动作使主电路断电，从而起到保护作用。触头系统有一对常开触头和一对常闭触头。在使用时大部分情况是将常闭触头串联在接触器的线圈回路里。动作机构由导板、推杆、动触头连杆和弹簧等部分组成。复位按钮用于继电器过载动作后

的手动复位。

双金属片式热继电器的外形如图 1-16 所示。

图 1-16　双金属片式热继电器外形图

2．热继电器的型号含义

热继电器的型号含义如图 1-17 所示。

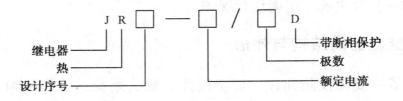

图 1-17　热继电器的型号含义

3．热继电器的技术数据

热继电器的型号规格较多，各型号的技术参数大同小异，常用的 JR16 型热继电器的主要技术参数见表 1-4。

表 1-4　JR16 型热继电器的主要技术参数

型号	额定电流（A）	热元件规格	
		额定电流（A）	刻度电流调节范围
JR16—20/3 JR16—20/3D	20	0.35	0.25 ~ 0.3 ~ 0.35
		0.50	0.32 ~ 0.4 ~ 0.5
		0.72	0.45 ~ 0.6 ~ 0.72
		1.1	0.68 ~ 0.9 ~ 1.1
		1.6	1.0 ~ 1.3 ~ 1.6
		2.4	1.5 ~ 2.0 ~ 2.4
		3.5	2.2 ~ 2.8 ~ 3.5
		5.0	3.2 ~ 4.0 ~ 5.0
		7.2	4.5 ~ 6.0 ~ 7.2
		11	6.8 ~ 9.0 ~ 11.0
		16	10.0 ~ 13.0 ~ 16.0
		22	14.0 ~ 18.0 ~ 22.0
JR16—40/3 JR16—40/3D	40	0.64	0.4 ~ 0.64
		1.0	0.64 ~ 1.0
		1.6	1.0 ~ 1.6
		2.5	1.6 ~ 2.5
		4.0	2.5 ~ 4.0
		6.4	4.0 ~ 6.4
		10	6.4 ~ 10
		16	10 ~ 16
		25	16 ~ 25
		40	25 ~ 40

4．热继电器的选用

热继电器的选用要视负载的不同情况而定。

（1）对于三相电流相等的负载，可选用两个热元件的热继电器；对于负载电流和电压均衡性较差的场合，应选用三个热元件的热继电器；对于定子绕组接成三角形的电动机保护，应选用带断相保护的热继电器。

（2）热继电器的额定电流等级应与电动机的额定电流相近。热继电器热元件整定电流的确定与负载性质有关。电阻性负载整定电流可选择与负载电流相等或略低一点，电感性负载整定电流可选择负载电流的 1~1.15 倍。但对于过载能力较差的电动机，其整定电流应选择略低于负载电流。

注： 普通双金属片式热继电器适用于轻载和不频繁启动电动机的过载保护。而对于重载和频繁启动的电动机及振动较强烈的使用场合，可采用过电流继电器做过载保护。

第九节 时间继电器

时间继电器是利用电磁原理、电子技术或机械动作原理来延迟触头动作的控制电器，它在自动控制电路中起着重要作用。时间继电器按动作原理可分为电磁式、空气阻尼式、电动式和晶体管式等，按延时方式的不同可分为通电延时型和断电延时型。

1．JS7—A 系列空气阻尼式时间继电器

1）结构原理

该系列时间继电器由电磁机构、延时机构和触头系统三大部分组成。这种时间继电器是通过调节气囊中空气量的大小来获得延时动作的。其特点是结构简单，价格便宜；不足是延时误差较大，无调节刻度指示，难以精确地整定延时时间。

2）JS7—A 系列时间继电器型号含义

JS7—A 系列时间继电器型号含义如图 1-18 所示。

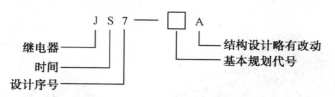

图 1-18　JS7—A 系列时间继电器型号含义

基本规格代号有 1、2、3、4 之分，其含义如下：

1—通电延时，无瞬时触头；

2—通电延时，有瞬时触头；

3—断电延时，无瞬时触头；

4—断电延时，有瞬时触头。

3）JS7—A 系列时间继电器主要技术数据

JS7—A 系列时间继电器主要技术数据见表 1-5。

表 1-5　JS7—A 系列时间继电器主要技术数据

型号	吸引线圈电压（V）	触头容量		延时触头数量				延时动作触头数量		延时整定范围（s）
		额定电压	额定电流	通电延时		断电延时				
				常开	常闭	常开	常闭	常开	常闭	
JS7—1A	24、36、110、220、380	380V	5A	1	1	—	—	—	—	0.4～60 0.4～180
JS7—2A				1	1	—	—	1	1	
JS7—3A				—	—	1	1	—	—	
JS7—4A				—	—	1	1	1	1	

4）JS7—A 系列时间继电器外形

JS7—A 系列时间继电器外形如图 1-19 所示。

2. 晶体管式时间继电器

晶体管式时间继电器是利用 RC 电路电容器充放电原理制成的。改变充电电路的时间常数（即改变电阻值）便可整定其延时时间。其特点是延时范围大，精度高，体积小，耐振动，调节方便，寿命长，品种多。常用型号有 JS20、JS14 等。

图 1-19　JS7—A 系列时间继电器外形图

常用晶体管式时间继电器外形如图 1-20 所示。

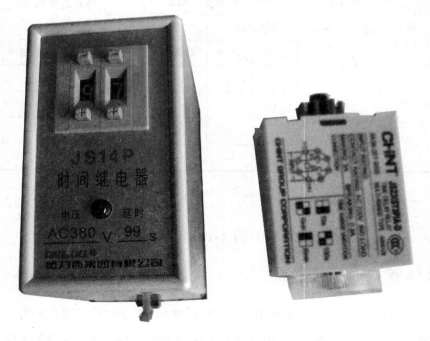

图 1-20　常用晶体管时间继电器外形图

3．电动式时间继电器

电动式时间继电器是利用一个小型同步电动机来带动传动装置进行延时的。其优点是精度高，延时范围大，可达几十个小时。不足是结构复杂，成本高，寿命较短，不适用于频繁操作，且对电源频率稳定度要求高。常用型号有JS11系列。

第十节　速度继电器

速度继电器又称反接制动继电器，是一种用于电动机反接制动时防止电动机反转的专用电器。其结构主要由定子、转子和触点三大部分组成。定子的结构与鼠笼式异步电动机相似。转子是一块永久磁铁，能绕轴旋转。使用时与电动机共轴安装，随电动机一起转动。当转速在 300r/min 以上时，速度继电器动作；当转速降到 100r/min 以下时，速度继电器复位。在反接制动电路中就是利用速度继电器触点复位时提前切断反接电源，从而防止电动机反转。速度继电器有 JY1 和 JFZO 等型号。JY1 型速度继电器外形如图 1-21 所示。

图 1-21　JY1 型速度继电器外形图

第十一节　电流继电器

　　电流继电器是反映电流变化的控制电器。电流继电器分为过电流继电器和欠电流继电器。过电流继电器在电路正常工作时其触点不动作，当通过电流线圈的电流达到或超过整定值时其触点动作，利用其控制电路切断负载电源，起到过电流保护作用。欠电流继电器在电路正常工作时通过其电磁线圈的电流正常，衔铁吸合，触点动作；只有当电流降低到某一整定值时，继电器才释放，触点复位，切断电源，从而起到欠电流保护作用。

1．电流继电器型号含义

电流继电器型号含义如图 1-22 所示。

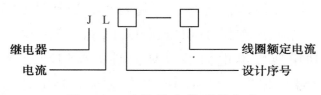

图 1-22　电流继电器型号含义

2．过电流继电器的选用

　　过电流继电器具有定时限和反时限之分。一般情况下，电阻性负载可采用定时限过电流继电器；电感性负载由于启动电流较大，宜采用反时限过电流继电器。过电流继电器的额定电流可按不同情况选择。对于小容量直流电动机和绕线式异步电动机的保护，继电器线圈的额定电流可选择与电动机长期工作的额定电流大致相等；对于频繁启动的电动机，过电流继电器线圈的额定电流应稍大一些。过电流继电器的整定值可根据负载情况进行合理整定。

3．部分新式电流继电器外形图

部分新式电流继电器外形图如图 1-23 所示。

过电流继电器

欠电流继电器

图 1-23　部分新式电流继电器外形图

第十二节　电压继电器

电压继电器有过电压继电器、欠电压继电器及零电压继电器之分。过电压继电器在电路电压正常时不动作，只有当电压超过整定电压值，通常是达到额定电压的 110% 以上时才动作，从而对电路进行过电压保护。欠电压继电器在电压正

常时吸合，当电压降到额定电压的 40%～70%时释放，从而对电路实现欠电压保护。零电压继电器在电压降为额定电压的 5%～25%时动作，从而对电路实行零电压保护。电压继电器的型号规格较多，用户可根据实际需要，结合产品样本进行合理选用。一种新型电压继电器的外形图如图 1-24 所示。

图 1-24　一种新型电压继电器外形图

电力拖动实验项目

实验一 三相交流异步电动机点动和自锁控制

1．实验目的

（1）通过对三相交流异步电动机点动和自锁控制电路实际安装接线，熟悉电动机的连接方法,掌握将原理图变换成实际控制电路的基本知识和基本技能。

（2）通过实验，加深理解点动控制和自锁控制的电路原理和特点。

2．原理说明

（1）生产实践中有很多场合需要用到点动控制电路，如机床调整刀架和试车；吊车在定点放落重物时，常常需要电动机短时断续工作，即按下按钮电动机就转动，松开按钮电动机就停转。该控制电路的主要电器是交流接触器。点动控制电路原理图如图 2-1 所示。

电动机点动控制电路动作原理如下。

启动：按下启动按钮 SB，控制电路通电，即接触器 KM 线圈通电，接触器主触头闭合，主电路接通，电动机 M 通电启动。

停止：松开启动按钮 SB，接触器线圈断电，接触器 KM 主触头断开，主电路分断，电动机 M 断电停转。

（2）对于需要较长时间运行的电动机，用点动控制不方便，则需要采用接触器辅助触头来实现自锁控制。通常利用接触器自身的常开触头与启动按钮相并联来实现自锁控制。自锁控制电路原理图如图 2-2 所示。

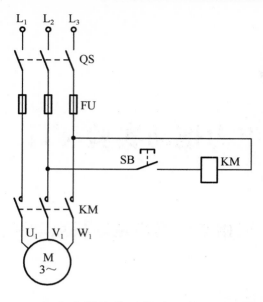

图 2-1　三相交流异步电动机点动控制电路原理图

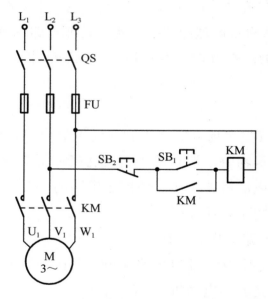

图 2-2　三相交流异步电动机自锁控制电路原理图

　　该控制电路的特点是按下启动按钮，在接触器主触头闭合的同时，接触器 KM 辅助常开触头也跟着闭合，这样松开启动按钮 SB₁ 时接触器线圈就不会断电，以达到电动机长期运行的目的。停机时，只要按下停止按钮 SB₂ 即可。

　　（3）电动机运行过程中设置了短路保护，在电路中采用熔断器和自动开关做短路保护（正规实验台一般将保护元件装在实验台内部，省略外接线）。当电

动机或电器连线发生短路故障时，可及时熔断熔芯或断开自动开关，达到保护设备和电源的目的。由于更换熔芯不方便，实验台中一般将自动开关的瞬动电流值整定合理，短路时尽量让自动开关先动作。

3．实验设备

实验设备见表 2-1。

表 2-1　实验设备

序 号	代 号	名称及规格	数 量
1		三相交流电源 380V	1
2	M	三相交流异步电动机 0.5～2.2kW	1
3	KM	交流接触器 10～20A/380V	1
4	SB$_1$	启动按钮 LA18—22	1
5	SB$_2$	停止按钮 LA18—22	1
6		万用表	1
7		电压表 0～450V	3

4．实验内容

熟悉各电器元件的结构、图形符号、接线方法，抄录电动机及各有关电器的铭牌数据，并用万用表欧姆挡检查各电器线圈、触头是否完好。电动机接成星形，实验电源接实验台上三相自耦调压器输出端 U、V、W，供电电压为 380V。合理选择连接导线，一般二次电路连接铜芯导线截面积不小于 1.5mm^2。多数实验台采用插接软导线连接。如用继电板安装元器件，接线必须符合布线工艺要求（见实验十二）。

1）点动控制

按图 2-1 所示点动控制电路进行接线。接线时，先接主电路，即从 380V 三相交流电源的输出端 U、V、W 开始，经交流接触器 KM 的主触头，到电动机的三个接线端 U$_1$、V$_1$、W$_1$（或 A、B、C），用导线按顺序串联起来，注意导线相序色标为黄、绿、红。主电路接线完成以后再连接控制电路，即从 380V 三

相交流电源某输出端（如 V）开始，经过启动按钮 SB、接触器线圈连成回路。注意：每个接线端子上不得多于两根连接导线。

接好线路，经指导教师检查后，方可进行通电操作。

操作顺序：

（1）开启实验台电源开关，按启动按钮，调节调压器，使输出电压为 380V。

（2）按启动按钮 SB，对电动机进行点动操作，比较按下和松开按钮 SB 时电动机和接触器的运行情况。

（3）实验完毕，按下实验台停止按钮，切断实验电源。

2）自锁控制

按图 2-2 所示自锁控制电路进行接线。它与图 2-1 所示电路的不同点在于控制电路中多串联了一个停止按钮 SB_2，同时在 SB_1 启动按钮两端并联了一个接触器 KM 的常开触头，起自锁作用。

接好线路，经指导教师检查后，方可进行通电操作。

（1）按实验台启动按钮，接通 380V 三相交流电源。

（2）按启动按钮 SB_1，松手后观察电动机 M 是否继续运转。

（3）按停止按钮 SB_2，松手后观察电动机 M 是否停转。

（4）按实验台上的停止按钮，断开实验电源，拆除控制回路中的自锁触头 KM；再接通三相电源，启动电动机，观察电动机与接触器的运转情况，从而验证自锁触头的作用。

实验完毕，将自耦调压器调回零位，按实验台停止按钮，切断实验电源。

5．实验注意事项

（1）接线要求正确、牢靠、整齐，主电路相序 U、V、W 与黄、绿、红色标相对应。

（2）操作时，要求胆大心细，注意安全，不可用手触及电器元件导电部分及电动机转动部分，以防触电和意外损伤。

（3）通电之前，要求用万用表电阻挡测量二次线路是否有短路现象，确认无短路现象以后方可通电。

6．思考与练习

（1）何谓自锁？自锁功能由什么部件完成？如误用接触器常闭触头做自锁触头，将出现什么现象？

（2）在实验台上测量二次线路是否短路时，要把二次线路断开一端，这是为什么？

（3）自锁功能失去作用，如何用万用表检查？

7．实验成绩评定

项目类别	配分	评分细则	扣分	得分
电路连接	50	接线错误每处扣5分，一个接点超过2根线扣2分，主电路相序色标错误每处扣1分		
实验过程	20	实验台操作顺序不正确扣5分，电源电压调整误差超过5%扣5分，仪表使用方法不正确扣5分		
通电	30	一次通电不成功扣10分，以后每次通电不成功均扣5分		
安全文明操作		每违反一次扣10分		
实验配时	45min	每超过规定时间5min扣10分		
开始时间		结束时间　　　　　　实际用时	成绩	

实验二　具有过载保护功能的三相交流异步电动机单向运转控制

1．实验目的

（1）通过具有过载保护功能的三相交流异步电动机单向运转控制实验，熟悉热继电器的结构、原理与接线方法。

（2）通过实验掌握热继电器的选用原则和整定方法。

2．原理说明

三相交流异步电动机在运行过程中难免会遇到负载的增大和设备运行的阻卡，从而使电动机工作电流急剧上升，即出现过载故障。该故障如不及时排除会使电动机烧毁，因此要对电动机进行过载保护。实现过载保护功能的常用电器是热继电器。热继电器的主要技术指标是电流整定值。当电流超过整定值时，其常闭触头能在一定时间内断开，切断控制回路，但动作完成后，必须由人工进行复位，常闭触头不能自动复位。热继电器的热元件串联在主电路中，电动机过载时，电流增大，发热量增大，使热继电器中的双金属片弯曲程度增大，其常闭触头会及时断开，切断控制电源，使电动机停转，起到保护作用。其控制电路如图 2-3 所示。

其控制电路动作原理如下。

启动：按下启动按钮 SB_1，接触器 KM 线圈通电，KM 主触头闭合，电动机正向启动。同时，KM 辅助常开触头闭合，实现自锁，使电动机维持连续运转。

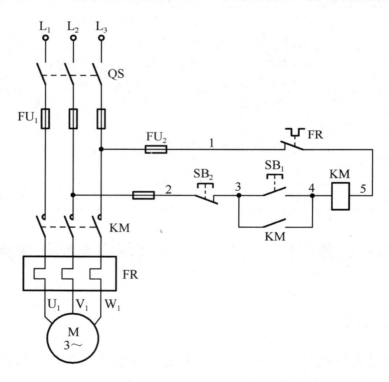

图 2-3　具有过载保护功能的电动机单向运转控制电路图

停止：按下停止按钮 SB_2，接触器 KM 线圈断电，KM 主触头断开，电动机停转。同时 KM 辅助常开触头也随之断开，自锁功能消失。再次启动电动机时必须重新按下启动按钮。因此，该继电接触控制电路具有失压保护的功能。

3．实验设备

实验设备见表 2-2。

表 2-2　实验设备

序　号	代　号	名称及规格	数　量
1		三相交流电源 380V	1
2	M	三相笼式异步电动机 0.5～2.2kW	1
3	KM	交流接触器 10～20A/380V	1
4	SB_1、　SB_2	按钮 LA18—22	2
5	FR	热继电器，整定电流为 1.6～5A	1
6		万用表	1
7		电压表 0～450V	3

4．实验内容

认识各电器元件的结构、图形符号、接线方法与特点，抄录电动机和有关电器的铭牌数据；用万用表检查各电器的线圈和触头是否完好；电动机接成星形，连接三相自耦调压器，输出电源线电压为 380V。

按电路图接线。先接主电路，即从三相电源输出端 U、V、W（L_1、L_2、L_3）开始，经交流接触器主触头、热继电器 FR 的热元件到电动机 M 的三个接线端子 U_1、V_1、W_1（A、B、C），用黄、绿、红色标的导线连接起来。主电路接线完成后，再连接控制电路，即从电源的一端（如 V）开始，经过 FU_2（如实验台上不引出可以跨接）、SB_2 常闭触头、SB_1 常开触头、KM 线圈、FR 常闭触头到三相电源的另一端（如 W）。最后把 KM 常开触头并联到 SB_1 常开触头两端。

接好线路，经指导教师检查后，方可进行通电操作。

操作顺序：

（1）开启实验台电源开关，按启动按钮，调节调压器，使输出线电压为 380V。

（2）按启动按钮 SB_1，松开按钮时，观察电动机是否能维持正常运转，即检查自锁功能是否正常。

（3）按停止按钮 SB_2，切断控制电源，观察电动机是否及时停转。

（4）松开热继电器 FR 常闭触头的一端连线，再按启动按钮，观察电动机是否还能继续运转，以检验过载保护环节的接线是否正确。

实验完毕，将自耦调压器调回零位，按实验台停止按钮，切断三相交流电源。

5．实验注意事项

（1）控制台上连线必须插接牢靠，操作时切不可用手触及电器元件的带电部分，以免触电。

（2）热继电器整定值需要根据负载电流的大小合理整定，如整定值过小，会造成误动作。若出现此现象，必须重新调整热继电器的整定值。整定值一般取电动机额定电流的 1.05～1.15 倍。

6．思考与练习

（1）三相负载不平衡的电路应采用几个热元件的热继电器来做过载保护？

（2）如果电动机接成三角形，则热继电器选什么型号的比较合适？

7．实验成绩评定

项目类别	配分	评分细则		扣分	得分
电路连接	40	接线错误每处扣 5 分，一个接点超过 2 根线扣 2 分，主电路相序色标错误每处扣 1 分			
实验过程	30	实验台操作顺序不正确扣 5 分，电源电压调整误差超过 5%扣 5 分，热继电器整定值调整错误扣 5 分，过载保护功能未验证扣 5 分			
通电	30	一次通电不成功扣 10 分，以后每次通电不成功均扣 5 分			
安全文明操作		每违反一次扣 10 分			
实验配时	45min	每超过规定时间 5min 扣 10 分			
开始时间		结束时间	实际用时	成绩	

实验三 三相交流异步电动机正反转控制

1. 实验目的

（1）通过实验，进一步了解正反转电路在生产实践中应用的广泛性，掌握将电气原理图转换成实际操作电路的方法与技巧。

（2）加深理解电动机换向的原理，学习分析与排除继电接触控制线路故障的方法。

2. 原理说明

三相鼠笼式异步电动机改变旋转方向是靠变换电源相序来实现的。其主电路采用了两个交流接触器 KM_1 和 KM_2，利用其交替运行来改变电动机的电源相序，从而实现正反转控制。基本的正反转控制电路图如图 2-4 所示。

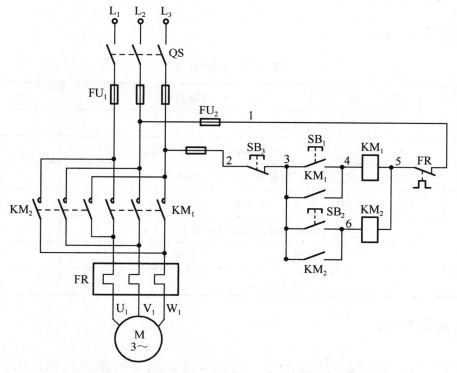

图 2-4 三相交流异步电动机正反转控制电路图

在图 2-4 所示的电路中，KM₁ 主触头闭合，电动机接通电源，相序为 U-V-W，电动机正转；当 KM₂ 主触头闭合，而 KM₁ 主触头断开时，U、W 两相交换，电源相序变成了 W-V-U，电动机由于换相而反转。电路的控制原理如下。

1）正转控制

启动：按下正转启动按钮 SB₁，KM₁ 线圈通电，KM₁ 主触头闭合，电动机正向启动运转，同时 KM₁ 辅助常开触头闭合，实现自锁。

停转：按下停止按钮 SB₃，KM₁ 线圈断电，KM₁ 主触头断开，电动机停转，同时 KM₁ 辅助常开触头复位，自锁消失。

2）反转控制

启动：按下反转启动按钮 SB₂，KM₂ 线圈通电，KM₂ 主触头闭合，电动机反向启动，同时 KM₂ 辅助常开触头闭合，实现自锁。

停转：按下停止按钮 SB₃ 即可。

3．实验设备

实验设备见表 2-3。

表 2-3　实验设备

序　　号	代　　号	名称及规格	数　　量
1		三相交流电源 380V	1
2	M	三相交流异步电动机 0.5～2.2kW	1
3	KM₁、KM₂	交流接触器 10～20A/380V	2
4	SB₁、SB₂、SB₃	按钮 LA18—22	3
5	FR	热继电器，整定电流为 1.6～5A	1
6		万用表	1
7		电压表 0～450V	3

4．实验内容

熟悉各电器的结构、图形符号、接线方法及电动机铭牌数据。用万用表电阻挡检查各电器的线圈和触头是否完好。电动机按星形接法连接。

按电路图接线。先接主电路，正反转主电路有两组接触器的主触头，一般是进线端同相序并联。出线端 U、W 二相交换，即 KM_1 的 U 相接 KM_2 的 W 相，这样 KM_1 断开，KM_2 吸合，电动机就会因电源相序交换而反转。控制回路接线时，公共点最容易漏线，一般要求接到某一公共点时要把该公共点的所有连线全部接完，再接后面的电路。触点的对应位置切不可搞错，一般按图纸的位置与实物对应。

接好连线，经指导教师检查后方可通电操作。由于二次线路连接线增多，必须先用万用表电阻挡检测是否有短路现象，然后才能正式通电。

操作顺序：

（1）开启实验台电源开关，按启动按钮，调节调压器，使输出线电压为 380V。

（2）按正向启动按钮 SB_1，观察电动机和接触器的运行情况。

（3）按停止按钮 SB_3，观察电动机和接触器的运行情况。注：由于该电路还没有设置联锁功能，所以在停机前不能直接按反转按钮，否则会造成短路。

（4）待电动机停稳后，再按反向启动按钮 SB_2，观察电动机的转向和接触器的运行情况。

（5）按停止按钮 SB_3，观察电动机和接触器的运行情况。

（6）由指导教师人为设置一故障点，让学生用万用表对照电路图进行分析、检查和排除。

（7）实验完毕，按控制台停止按钮，切断三相电源。

5．实验注意事项

（1）此电路未设联锁装置，不能违反操作程序，避免短路故障发生。

（2）公共点连线不可遗漏，但每个接线点不可有两个以上接线头。

（3）谨慎操作，不可用手触及带电部位，以防触电。

（4）排除故障时要避免带电操作，用万用表电阻挡检查正确后才能通电。

6．思考与练习

（1）按启动按钮，电动机转动缓慢，而且有"嗡嗡"声，是由什么原因造成的？

（2）正转电动机未停止，直接按反转按钮，为什么会造成短路？采用什么

方法可以防止误操作而造成短路故障？

7．实验成绩评定

项目类别	配分	评分细则	扣分	得分
电路连接	40	接线错误每处扣 5 分，一个接点超过 2 根线扣 2 分，主电路相序色标错误每处扣 1 分		
实验过程	30	电源电压调整误差超过 5%扣 5 分，误操作出现短路扣 5 分，设置的故障不能排除扣 5 分		
通电	30	一次通电不成功扣 10 分，以后每次通电不成功均扣 5 分		
安全文明操作		每违反一次扣 10 分		
实验配时	90min	每超过规定时间 5min 扣 10 分		
开始时间		结束时间　　　　　　　实际用时	成绩	

实验四　具有联锁功能的三相交流异步电动机正反转控制

1．实验目的

（1）通过实验，进一步理解联锁功能在继电控制电路中的重要性，掌握实现联锁功能的方法与特点。

（2）掌握将原理图转换成实际操作电路的方法，学会分析和排除控制线路故障的方法与技巧。

2．原理说明

具有联锁功能的三相交流异步电动机正反转控制电路，与前面介绍的普通正反转控制电路的区别在于增设了由接触器辅助常闭触头和按钮常闭触头组成的联锁装置。目的是防止误操作而造成短路故障的发生。联锁的原理是将正转接触器 KM_1 的常闭触头（或按钮的常闭触头）串联在反转接触器 KM_2 的线圈回路里，只要 KM_1 接触器通电，其常闭触头必然断开。此时，即使误操作，没有按停止按钮而直接按反转启动按钮 SB_2，也不会造成短路。反之，将 KM_2 的常闭触头串联在 KM_1 的线圈回路里，效果也是一样的。

接触器联锁的正反转控制电路图如图 2-5 所示。

电路控制原理如下。

1）正转控制

启动：按下启动按钮 SB_1，KM_1 线圈通电，KM_1 主触头闭合，电动机 M 正向运转。KM_1 常闭触头断开，实现联锁。KM_1 常开触头闭合，实现自锁。

停转：按下停止按钮 SB_3，接触器 KM_1 断电，电动机停转。

2）反转控制

启动：按下反转启动按钮 SB_2，KM_2 线圈通电，KM_2 主触头闭合，电动机反转。同时 KM_2 常闭触头断开，实现联锁；KM_2 常开触头闭合，实现自锁。

停转：按下停止按钮 SB_3，KM_2 断电，电动机停转。

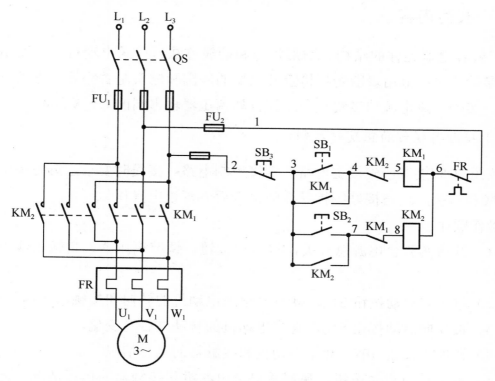

图 2-5　接触器联锁的正反转控制电路图

3．实验设备

实验设备见表2-4。

表 2-4　实验设备

序　号	代　号	名称及规格	数　量
1		三相交流电源 380V	1
2	M	三相交流异步电动机 0.5～2.2kW	1
3	KM₁、KM₂	交流接触器 10～20A/380V	2
4	SB₁、SB₂、SB₃	按钮 LA18—22	3
5	FR	热继电器，整定电流为 1.6～5A	1
6		万用表	1
7		电压表 0～450V	3

4．实验内容

了解各电器元件的结构、图形符号和接线方法，抄录电动机及主要电器的铭牌参数，并用万用表欧姆挡检查各电器的线圈和触头是否完好。电动机接成星形，实验线路电源端接实验台三相自耦调压器输出端的 U、V、W。

1）接触器联锁的正反转控制

按图 2-5 接线，先接主电路，再接控制电路。接线时要求注意力集中，不可漏线和错接。线路接好经指导教师检查后方可通电操作。

操作顺序：

（1）开启实验台电源总开关，按启动按钮，调节调压器，使输出线电压为 380V。

（2）按正向启动按钮 SB₁，观察并记录电动机的转向和接触器的运行情况。

（3）按反向启动按钮 SB₂，观察电动机的转动是否有变化。

（4）按停止按钮 SB₃，观察电动机和接触器的运行情况。

（5）再按反向启动按钮，观察并记录电动机和接触器的运行情况，此时电动机应反转。

（6）按停止按钮 SB₃，电动机停转。

（7）实验完毕，按实验台停止按钮，切断三相交流电源。

2）按钮联锁的正反转控制

按钮联锁的正反转控制电路图如图 2-6 所示。

该电路原理与接触器联锁的控制电路基本相同，只是用按钮的常闭触头取代了接触器的常闭触头，接线方法也与图 2-5 基本相同。连接好电路，经指导教师检查后方可通电操作。

操作顺序：

（1）开启实验台电源总开关，按启动按钮，调节调压器，使输出线电压为 380V。

（2）按正向启动按钮 SB_1，观察电动机的转向和接触器的运行情况。

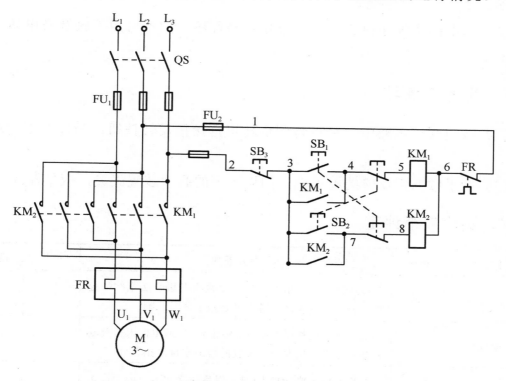

图 2-6 按钮联锁的正反转控制电路图

（3）直接按反向启动按钮 SB_2，观察电动机的转向和接触器的运行情况。

注：此时电动机从正转直接转换为反转，冲击电流较大，电动机有振动现象属正常。

（4）按停止按钮 SB₃，观察电动机和接触器的运行情况。

（5）先按反转按钮 SB₂，观察电动机转向，稳定后再按正转按钮 SB₁，再观察电动机和接触器的运行情况。

（6）按停止按钮 SB₃，电动机停转。

（7）由指导教师设置一个故障，让学生分析、检查与排除。

（8）实验完毕，按实验台停止按钮，切断三相交流电源。

5．实验注意事项

（1）联锁功能是防止正反转电路短路故障的有效方法，在接线时，一定要注意力集中，以防接错。接好控制电路以后，一定要用万用表检查联锁装置的可靠性。

（2）通电操作须谨慎、细心，遵守实验程序，切不可用手触及带电体，以防触电。

6．思考与练习

（1）按钮联锁电路中，从正转到反转可直接按反转按钮，为什么不会造成短路？

（2）对于频繁正反转的电动机，如果单一的联锁装置失灵，应怎样改进？

7．实验成绩评定

项目类别	配分	评分细则		扣分	得分
电路连接	40	接线错误每处扣 5 分，一个接线点超过 2 根线每处扣 2 分，主电路设标错误每处扣 1 分			
实验过程	30	电源电压调整误差超过 5%扣 5 分，通电前未检查联锁装置可靠性扣 5 分，设置的故障未排除扣 5 分			
通电	30	一次通电不成功扣 10 分，以后每次通电不成功均扣 5 分			
安全文明操作		每违反一次扣 10 分			
实验配时	90min	每超过规定时间 5min 扣 10 分			
开始时间		结束时间	实际用时	成绩	

实验五　双重联锁三相交流异步电动机正反转控制

1．实验目的

（1）通过实验，加深对电气控制电路中各种保护、自锁、联锁环节的理解，认识双重联锁控制电路在生产实践中应用的重要性。

（2）掌握将双重联锁控制原理图转换成实际操作电路的方法，学会较复杂控制电路的接线技巧。

2．原理说明

双重联锁是将电气联锁和机械联锁整合在一起，以提高电路的保护效果。其中，电气联锁由接触器的常闭触头来完成，机械联锁由复合按钮的常闭触头来承担，一个元件失灵后，另一个元件还能工作，这样就可以保证正反转电路联锁功能的可靠性。其电路图如图 2-7 所示。

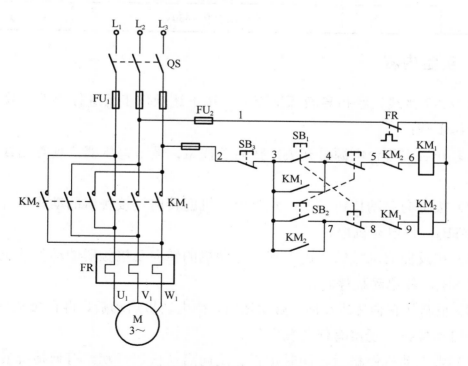

图 2-7　双重联锁电动机正反转控制电路图

该电路图的特点是将接触器辅助常闭触头与复合按钮的常闭触头串联在同一条支路上作为联锁装置。电路工作时，只要其中有一个常闭触头动作正常，就能起到联锁作用，从而提高保护功能的可靠性。

3．实验设备

实验设备见表 2-5。

表 2-5 实验设备

序　号	代　号	名称及规格	数　量
1		三相交流电源 380V	1
2	M	三相交流异步电动机 0.5～2.2kW	1
3	KM	交流接触器 10～20A/380V	1
4	SB_1、SB_2、SB_3	按钮 LA18—22	3
5	FR	热继电器，整定电流为 1.6～5A	1
6		万用表	1
7		电压表 0～450V	3

4．实验内容

按图 2-7 接线，经指导教师检查后，按下述操作步骤进行通电实验。

操作步骤：

（1）开启实验台电源总开关，按启动按钮，调节调压器，使输出线电压为 380V。

（2）按正向启动按钮 SB_1，观察电动机的转向及接触器的动作情况。按停止按钮 SB_3，使电动机停转。

（3）按反向启动按钮 SB_2，观察电动机的转向及接触器的动作情况。按停止按钮 SB_3，使电动机停转。

（4）重新按正向（或反向）启动按钮，待电动机启动后，再直接按反向（或正向）启动按钮，观察有何情况发生。

（5）当电动机停稳后，同时按正、反向启动按钮，观察有何情况发生。

（6）实验完毕，将自耦调压器调回零位，按实验台停止按钮，切断实验电源。

5．故障分析

接通电源后，按启动按钮 SB_1 或 SB_2，接触器吸合，但电动机不转且发出"嗡嗡"声，或转动很慢，这类故障大多是主回路一相断线或电源缺相造成的。

接通电源后，按启动按钮 SB_1 或 SB_2，接触器通断频繁，且发出颤动声，吸合不牢。引发此类故障的原因有以下几种：

（1）线路接错，将两个接触器线圈串联起来了。

（2）自锁触头接触不良，时通时断。

（3）接触器铁芯上的短路环脱落或断裂。

（4）电源电压过低或接触器线圈电压等级不匹配。

6．思考与练习

（1）如果两个正反转交流接触器主触头进出线两端都交换了相序，会产生什么后果？

（2）在控制线路中过载和失压保护功能是如何实现的？

7．实验成绩评定

项目类别	配分	评分细则	扣分	得分
电路连接	40	接线错误每处扣 5 分，一个接线点超过 2 根线每处扣 2 分，相序色标错误每处扣 1 分		
实验过程	30	电源电压调整误差超过 5%扣 5 分，热继电器不会整定或不合理整定扣 5 分，电动机不转且噪声大的原因不能分析或分析错误扣 5 分		
通电	30	一次通电不成功扣 10 分，以后每次通电不成功均扣 5 分		
安全文明操作		每违反一次扣 10 分		
实验配时	100min	每超过规定时间 5min 扣 10 分		
开始时间		结束时间	实际用时	成绩

实验六　三相交流异步电动机顺序控制

1．实验目的

（1）通过对顺序控制线路的装接与调试，了解顺序控制电路在生产实践中的应用场合，加深对特殊要求机床控制线路的了解。

（2）掌握两台以上电动机顺序控制电路的接线方法。

2．原理说明

在生产实践中，经常要求多台电动机按顺序启动和停止。例如，机床在主轴旋转后，工作台方可移动；磨床上要求润滑油泵启动后才能启动主轴；有的场合在停机时，要求第二台电动机停转后才能停第一台。像这种要求多台电动机按顺序启动和停止的控制叫做顺序控制。顺序控制的电路很多，有顺序启动，还有逆序停机；有两台电动机的顺序控制，还有 3～5 台电动机的顺序控制。两台电动机顺序启动的控制电路图如图 2-8 所示。

该电路的特点是电动机 M_1 启动后，电动机 M_2 才能启动。其原因是接触器 KM_2 线圈回路中串联了 KM_1 的常开触头，只要 KM_1 线圈未通电，即电动机 M_1 未启动，KM_1 常开触头是断开的，KM_2 线圈就无法得电，电动机 M_2 就不能启动，从而在电路中保证了电动机 M_2 不能先于电动机 M_1 启动。而停止按钮 SB_3 串联在两台电动机控制电路的总线上，只要按下 SB_3，两台电动机就同时断电，因此，该顺序控制电路没有顺序停止的功能。如需要顺序停止，只要把 KM_2 的常开触头并联在 KM_1 回路的停止按钮两端即可。

3．实验设备

实验设备见表 2-6。

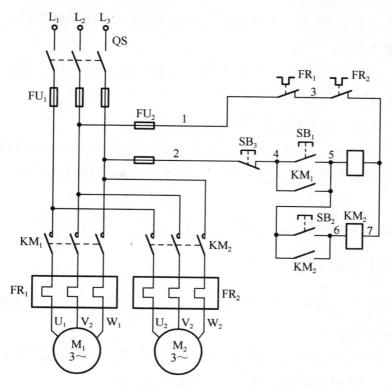

图 2-8 三相交流异步电动机顺序控制电路图

表 2-6 实验设备

序 号	代 号	名称及规格	数 量
1		三相交流电源 380V	1
2	M_1、M_2	三相交流异步电动机 0.5～2.2kW	2
3	KM_1、KM_2	交流接触器 10～20A/380V	2
4	SB_1、SB_2、SB_3	按钮 LA18—22	3
5	FR	热继电器，整定电流为 1.6～5A	1
6		万用表	1
7		电压表 0～450V	3

4．实验内容

按图 2-8 接线。本实验需要用到两台电动机，如果只有一台电动机，可用灯组负载来模拟 M_2，也可直接观察 KM_2 的动作情况。电动机接成星形，实验

线路电源端接三相自耦调压器输出端。接好线路，经指导教师检查后，再按下列步骤进行通电操作。

（1）先将调压器手柄逆时针旋到底，再启动实验台电源，调节调压器，使输出线电压为 380V。

（2）按下 SB_1，观察电动机和接触器的运行情况。

（3）维持 M_1 运转，再按下 SB_2，观察电动机运转情况及接触器的吸合情况。

（4）按下 SB_3 使电动机停转以后，再按下 SB_2，观察电动机是否能启动，分析其原因。

由指导教师人为设置一个故障，由学生分析、检查和排除。

5. 实验注意事项

（1）两个热继电器的常闭触头串接应牢靠，如有一个触头接触不好将会使电路不能正常工作。

（2）如用灯组代替 M2,则灯组三相功率应分配均匀，而且需星形联接。

（3）遵守安全用电操作规程，以防触电。

6. 思考与练习

（1）思考一下，举出一个日常生活中需要顺序控制的例子。

（2）画出三台电动机顺序启动、逆序停机的控制电路图。

7. 实验成绩评定

项目类别	配分	评分细则		扣分	得分
电路连接	40	接线错误每处扣 10 分，一个接线点超过 2 根线每处扣 2 分，相序色标错误每处扣 1 分			
实验过程	30	电源电压调整误差超过 5% 扣 5 分，按钮操作顺序不正确扣 5 分，热继电器未整定扣 5 分			
通电	30	一次通电不成功扣 10 分，以后每次通电不成功均扣 5 分			
安全文明操作		每违反一次扣 10 分			
实验配时	90min	每超过规定时间 5min 扣 10 分			
开始时间		结束时间	实际用时	成绩	

实验七 三相交流异步电动机串电阻降压启动控制

1. 实验目的

（1）了解串电阻降压启动的应用场合及该启动方式的优缺点，掌握电阻的选择原则和计算方法。

（2）通过对自动控制串电阻启动控制线路的安装接线，进一步理解时间继电器的结构、原理，掌握时间继电器自动控制串电阻启动电路的接线方法及故障检查技巧。

2. 原理说明

串电阻降压启动，就是在电动机启动过程中，在电动机定子线路中串接电阻，以达到降低定子绕组电压、限制启动电流的目的。电动机启动结束，则利用时间继电器的延时动作，及时将串联的电阻断开，使电动机进入全压运行状态。其电路图如图 2-9 所示。

该电路采用了两个交流接触器，将电阻串联在 KM_1 主触头回路中，即启动时让 KM_1 吸合，启动结束后 KM_2 主触头闭合，KM_1 断电，电阻断开，电动机就进入全压运行状态。

电路控制原理如下。

启动：按下启动按钮 SB_1，KM_1 线圈通电，KM_1 主触头闭合，电动机串电阻启动，KM_1 常开触头闭合，实现自锁。同时，时间继电器 KT 也开始通电延时，当 KT 延时结束时，KT 常开触头闭合，KM_2 接触器通电，KM_2 主触头闭合，KM_2 常闭触头断开，KM_1 线圈断电，电阻断开，电动机就进入全压运行状态。同时，KM_1 常开触头复位，时间继电器 KT 断电，启动过程结束。

停止：按下停止按钮 SB_2，KM_2 断电，电动机停转。

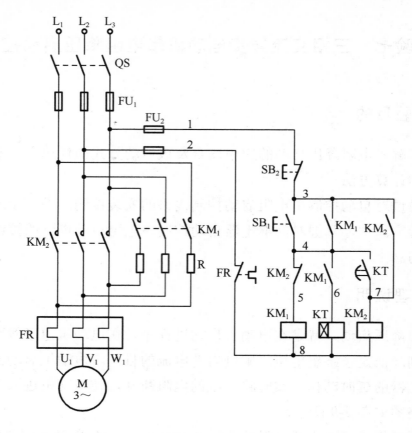

图 2-9　时间继电器自动控制串电阻降压启动控制电路图

3．实验设备

实验设备见表 2-7。

表 2-7　实验设备

序　号	代　号	名称及规格	数　量
1		三相交流电源 380V	1
2	KM_1、KM_2	交流接触器 10～20A/380V	2
3	FR	热继电器，整定电流为 1.6～5A	1
4	SB_1、SB_2	按钮 LA18—22	2
5	KT	时间继电器 380V/60s	1
6	R	限流电阻	3

续表

序　号	代　号	名称及规格	数　量
7		万用表	1
8		电压表 0～450V	3
9	M	三相交流电动机 0.5～2.2kW	1

4．实验内容

认识各电器特别是时间继电器的结构、图形符号和接线方法，了解时间继电器线圈、触头与普通电器的区别，并用万用表欧姆挡检查时间继电器的线圈、延时触头是否完好。

按图 2-9 接线，先接主电路，再接二次电路。如主电路中配不到合适的分压电阻，在电动机功率不大的情况下，可以暂时省略，不影响控制电路的正常实验。接好线后，一定要对时间继电器进行整定，一般整定在 3～5s 即可。

经指导教师检查后，按下列程序进行通电操作。

（1）开启实验台电源总开关，按启动按钮，调节调压器，使输出线电压为 380V。

（2）按启动按钮 SB$_1$，观察电动机、接触器和时间继电器的运行情况。注意观察时间继电器从线圈通电到触头动作的时间是否与整定时间一致。再注意观察当全压运行接触器 KM$_2$ 通电后，启动接触器 KM$_1$ 是否可靠断电。

（3）待电动机稳定运行后，再按下停止按钮 SB$_2$，电动机停转。

5．实验注意事项

（1）主电路接线时，KM$_1$ 与 KM$_2$ 的连线一定要正确，切不可换相，否则会造成短路。

（2）二次电路接线要求牢固、整齐、安全可靠，通电操作时要胆大心细，切不可用手触及电器元件的带电部分，以防触电。

（3）若实验时缺合适的电阻，可用导线短接，不影响控制电路的实验。

6．思考与练习

（1）如时间继电器延时结束，常闭触头不能可靠闭合，会产生什么后果？

（2）简述串电阻降压启动的优缺点。

7．实验成绩评定

项目类别	配分	评分细则	扣分	得分
电路连接	40	接线错误每处扣 5 分，一个接线点超过 2 根线每处扣 2 分，主电路相序色标错误每处扣 1 分		
实验过程	30	电源电压调整误差超过 5%扣 5 分，时间继电器未整定扣 5 分，热继电器整定不合理扣 5 分		
通电	30	一次通电不成功扣 10 分，以后每次通电不成功均扣 5 分		
安全文明操作		每违反一次扣 10 分		
实验配时	90min	每超过规定时间 5min 扣 10 分		
开始时间		结束时间	实际用时	成绩

实验八　接触器控制的电动机星-三角降压启动控制

1．实验目的

（1）了解星-三角降压启动控制电路的结构和特点，理解星-三角降压启动主电路与一般主电路的区别。

（2）掌握接触器控制的星-三角降压启动电路接线方法和通电运行操作技巧。

2．原理说明

星-三角降压启动的原理是启动时定子绕组接成星形，使每相绕组电压降至电源电压的 $\frac{1}{\sqrt{3}}$，启动结束后再将绕组换接成三角形，使三相绕组在额定电压下运行。接触器控制的星-三角降压启动的主电路是由三个接触器的动合主触点构成的。其中 KM 位于主电路前段，用于接通和分断主电路，并控制启动接触器 KM_Y 和运行接触器 $KM_\triangle$ 电源的通断。KM_Y 主触头闭合时使电动机绕组接成星形，实现降压启动；$KM_\triangle$ 主触头在启动结束时闭合，将电动机绕组换接成三角形，实现全压运行。其电路图如图 2-10 所示。

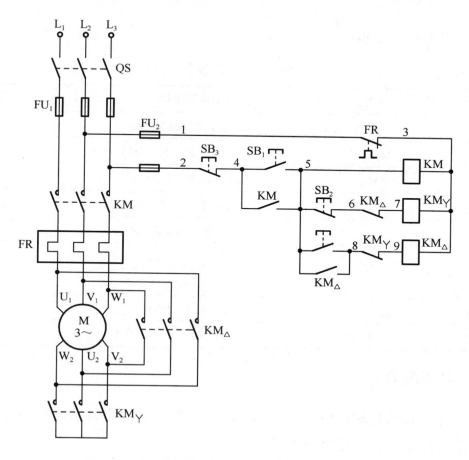

图 2-10　接触器控制的星-三角降压启动电路图

控制电路动作过程如下。

启动：按下启动按钮 SB_1，KM 线圈通电，KM 主触头闭合，KM 辅助常开触头闭合，实现自锁；同时 KM_Y 线圈通电，KM_Y 主触头闭合，电动机绕组接成星形启动，KM_Y 常闭触头断开以实现联锁。

运行：按下运行按钮 SB_2，KM_Y 线圈断电，KM_Y 主触头分断，KM_Y 常闭触头复位，接通 $KM_\triangle$ 控制回路；$KM_\triangle$ 线圈通电，$KM_\triangle$ 主触头闭合，电动机绕组连接成三角形全压运行；同时，$KM_\triangle$ 自锁触头闭合，联锁触头断开，分断 KM_Y 控制回路。

停止：按下停止按钮 SB_3，KM 与 $KM_\triangle$ 断电，电动机停转。

3．实验设备

实验设备见表 2-8。

表 2-8　实验设备

序号	代号	名称及规格	数量
1		三相交流电源 380V	1
2	KM	交流接触器 10～20A/380V	1
3	KM△	交流接触器 10～20A/380V	1
4	KMY	交流接触器 10～20A/380V	1
5	FR	热继电器，整定电流为 1.6～5A	1
6	SB₁、SB₂、SB₃	按钮 LA18—22	3
7		万用表	1
8		电压表 0～450V	3
9	M	三相交流电动机 0.5～2.2kW	1

4．实验内容

熟悉各电器的结构、图形符号和电动机的接法，并用万用表检查电动机三相绕组的首尾端是否与电路图一致。

按图 2-10 接线。先接主电路，再接二次电路。要求按图示的顺序，从上到下，从左到右，逐路连接。

在通电之前，一定要用万用表欧姆挡检查连线是否正确，特别是主电路中电动机的 6 个接线端是否正确，还要注意 KM_2、KM_3 两个联锁触头是否正确接入。经指导教师检查后，方可通电操作。

操作顺序：

（1）按实验台启动按钮，调节调压器，使输出线电压为 380V。

（2）按控制电路启动按钮 SB_1，电动机星形启动，观察电动机和接触器的运行是否正常。用钳形电流表测量一相线电流，记下读数。

（3）待电动机转速稳定后，再按下运行按钮 SB_2，观察电动机和接触器的运行情况，由于电路转为三角形全压运行，电动机的转速应有所提高。

（4）一人先按 SB$_2$ 按钮，再按 SB$_1$ 按钮，让电动机直接启动。此时，另一人可用钳形电流表测量一相线电流并记下读数，再比较两种启动方法电流相差多少倍。

（5）实验完毕，将三相调压器调回零位，按控制台停止按钮，切断实验电源。

5．实验注意事项

（1）通电时，如发现电动机转速与声音异常，应及时停机，检查主电路的接线，排除故障以后方能继续进行通电操作。

（2）遵守操作规程，严禁带电检修。只有在断电的情况下，才能用万用表欧姆挡检查接线是否正确。

6．思考与练习

（1）星-三角降压启动的优缺点是什么？

（2）什么样的电动机可以采用星-三角降压启动？

7．实验成绩评定

项目类别	配分	评分细则			扣分	得分
电路连接	40	接线错误每处扣 5 分，一个接线点超过 2 根线每处扣 2 分，主电路相序色标错误每处扣 1 分				
实验过程	30	电源电压调整误差超过 5%扣 5 分，时间继电器未整定扣 5 分，启动与运行二次电流未测量比较扣 5 分				
通电	30	一次通电不成功扣 10 分，以后每次通电不成功均扣 5 分				
安全文明操作		每违反一次扣 10 分				
实验配时	90min	每超过规定时间 5min 扣 10 分				
开始时间		结束时间		实际用时	成绩	

实验九　时间继电器控制的电动机自动星−三角降压启动控制

1．实验目的

（1）通过实验，进一步了解时间继电器的结构、原理及延时时间的调整方法。

（2）掌握交流电动机自动星−三角降压启动电路的接线方法及调试检修技巧。

2．原理说明

时间继电器控制的自动星−三角降压启动电路与接触器控制的星−三角降压启动电路的主要区别在于从星形启动结束转为三角形全压运行时，后者要重新按运行按钮，前者则靠时间继电器自动转换。采用自动控制的优点在于可以减少手工操作的人为误差因素，提高电动机的使用性能。其电路图如图 2-11 所示。

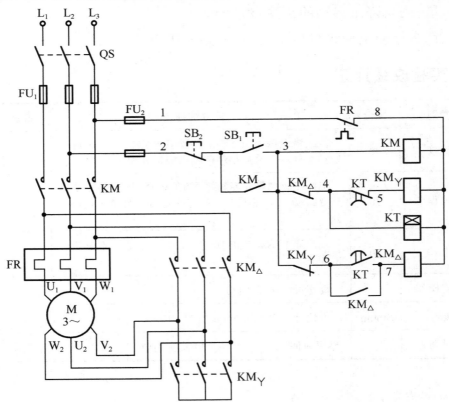

图 2-11　时间继电器控制的电动机自动星−三角降压启动电路图

该电路除了完成正常的星-三角启动功能外，还具有以下几个特点。

（1）接触器 $KM_\triangle$ 与 KM_Y 通过常闭触头实现电气联锁，保证 $KM_\triangle$ 与 KM_Y 两个接触器不会同时得电，以防止三相电源发生短路故障。

（2）依靠时间继电器 KT 的延时动合触头的延时闭合作用，保证在按下 SB_1 以后，使 KM_Y 先得电，并依靠时间继电器 KT 的常闭触头与常开触头的动作时间差，保证 KM_Y 先断电，而后再接通 $KM_\triangle$，从而避免在换接时电源可能发生的短路事故。

（3）该电路在三角形正常运行时，时间继电器 KT 处于断电状态，可提高电器的使用寿命。

该控制电路动作过程如下。

启动：按下启动按钮 SB_1，KM 线圈通电，KM 主触头闭合，KM 常开触头闭合，实现自锁；同时 KM_Y 线圈通电，KM_Y 主触头闭合，电动机绕组接成星形启动，KM_Y 常闭触头断开，使 $KM_\triangle$ 控制线圈分断，实现联锁。这时时间继电器 KT 也开始通电延时，待 KT 延时结束，KT 常闭触头断开，KM_Y 线圈断电，KM_Y 主触头断开。KT 的常开触头延时闭合，使 $KM_\triangle$ 线圈通电，$KM_\triangle$ 主触头闭合，电动机绕组接成三角形全压运行。$KM_\triangle$ 常闭触头断开，确保 KM_Y 控制线圈分断，实现联锁；同时 KT 线圈断电，KT 常开、常闭触头全部复位，整个启动过程结束。

停止：按下停止按钮 SB_2，KM 与 $KM_\triangle$ 断电，电动机停转。

3．实验设备

实验设备见表 2-9。

表 2-9　实验设备

序　号	代　号	名称及规格	数　量
1		三相交流电源 380V	1
2	M	三相交流电动机 0.5～2.2kW	1
3	KM	交流接触器 10～20A/380V	1
4	$KM_\triangle$	交流接触器 10～20A/380V	1
5	KM_Y	交流接触器 10～20A/380V	1

续表

序　号	代　号	名称及规格	数　量
6	KT	时间继电器 380V/0～60s	1
7	FR	热继电器，整定电流为 1.6～5A	1
8	SB₁、SB₂、SB₃	按钮 LA18—22	3
9		万用表	1
10		电压表 0～450V	3

4．实验内容

观察时间继电器的结构，认清其电磁线圈和延时触头的接线端子，用万用表欧姆挡测量延时触头的通断情况，调整时间继电器的延时时间为 3～5s。

按图 2-11 接线。先接主回路，再接控制回路，要求按图示的顺序，从左到右，从上到下，逐行连接。注：每接到某一公共点，务必将此点的所有连线接完后，再接后面的电路，以防漏线。

在不通电的情况下，用万用表欧姆挡检查线路是否连接正确，特别要注意电动机的 6 个接线端子和 $KM_\triangle$、KM_Y 两个联锁触头的连线是否正确。经指导教师检查后方可通电操作。

操作顺序：

（1）开启实验台电源总开关，按实验台启动按钮，将调压器输出线电压调到 380V。

（2）按启动按钮 SB_1，观察电动机的整个启动过程及各种电器的动作情况，记录星-三角换接所需要的时间。

（3）用万用表测量电动机的相电压与线电压。注意：用万用表测量电压时，一定要谨慎，先将万用表转换开关拨到交流 500V 或交流 1000V 挡。此项检测实验一定要有教师在场方能进行。

（4）按停止按钮 SB_2，观察电动机及各电器的动作情况。

（5）将时间继电器的延时时间调长 2s，观察 KM_Y、$KM_\triangle$ 的动作时间是否相应改变。

（6）实验完毕，将调压器调回零位，按实验台停止按钮，切断实验电源。

由指导教师设置一个故障，让学生分析、检查和排除。

5．实验注意事项

（1）时间继电器的常开、常闭触头在电路图中是独立接在两个线圈回路中的，有的时间继电器常开、常闭触头连线中有一个公共接点，则只能用其一对触头，否则在实验时会造成短路故障。

（2）严格遵守实验操作程序和安全规程，切不可用手触及带电体，以防触电。

6．思考与练习

（1）时间继电器自动控制与接触器手动控制的星-三角启动电路相比较，有哪些优缺点？

（2）如用一只断电延时的时间继电器进行自动星-三角启动控制，则控制电路又将如何改动？试画出电路图。

7．实验成绩评定

项目类别	配分	评分细则	扣分	得分
电路连接	40	接线错误每处扣 5 分，一个接线点超过 2 根线每处扣 2 分，主电路相序色标错误每处扣 1 分		
实验过程	30	星、三角转换间隔时间未记录扣 5 分，电动机启动前后的相电压、线电压未测量扣 5 分，电源电压调整误差超过 5%扣 5 分		
通电	30	一次通电不成功扣 10 分，以后每次通电不成功均扣 5 分		
安全文明操作		每违反一次扣 10 分		
实验配时	100min	每超过规定时间 5min 扣 10 分		
开始时间		结束时间	实际用时	成绩

实验十　三相笼式异步电动机全波整流能耗制动控制

1．实验目的

（1）通过实验，进一步了解三相笼式异步电动机全波整流能耗制动的原理与应用场合。

（2）提高继电控制电路装接水平和操作能力。

2．原理说明

能耗制动是在切断电动机三相电源的同时，从任意两相定子绕组中输入一个直流电，以获得一个大小和方向都不变的恒定磁场，从而产生一个与电动机原来转矩方向相反的电磁转矩以实现制动。由于这种制动方式是利用直流磁场消耗转子动能实现制动的，所以称之为能耗制动或直流制动。直流电源由变压器全波整流提供，故称全波整流能耗制动。其电路图如图 2-12 所示。

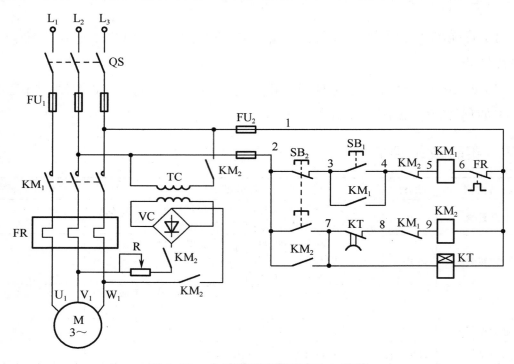

图 2-12　全波整流能耗制动电路图

该电路原理是在主电路中并联了一个整流变压器，将 380V 的电源电压降到 26V 或 36V，以提供整流电源。整流器接成单相桥式整流电路，供给电动机任意两相绕组制动电流。电位器 R 用来调节制动电流的大小，从而调整制动强度。在控制电路中设置了时间继电器 KT，用来控制制动时间。

控制电路动作过程如下。

启动：按下启动按钮 SB_1，KM_1 线圈通电，KM_1 主触头闭合，电动机 M 启动运转，同时 KM_1 常开、常闭触头动作，分别实现自锁和联锁。

制动：按下停止按钮 SB$_2$，KM$_1$ 线圈断电，KM$_1$ 主触头断开，电动机 M 断电；同时 KM$_1$ 常闭触头复位，KM$_2$ 线圈通电，KM$_2$ 主触头闭合，电动机能耗制动开始。时间继电器 KT 开始通电延时，计算制动时间。待延时结束，KT 常闭触头断开，KM$_2$ 断电，分断直流通路，能耗制动结束。

3．实验设备

实验设备见表 2-10。

表 2-10　实验设备

序　号	代　号	名称及规格	数　量
1		三相交流电源 380V	1
2	M	三相交流电动机 0.5～2.2kW	1
3	KM$_1$	交流接触器 10～20A/380V	1
4	KM$_2$	交流接触器 10～20A/380V	1
5	TC	变压器 380V/36V、26V	1
6	VC	整流桥 5A/100V	1
7	R	限流电阻器 10～20Ω	1
8	FR	热继电器，整定电流为 1.6～5A	1
9	KT	时间继电器 380V/0～60s	1
10	SB$_1$、SB$_2$	按钮 LA18—22	2
11		万用表	1

4．实验内容

将鼠笼型异步电动机按星形接法连线，实验电源接三相自耦调压器输出端（U、V、W），线电压为 380V。

时间继电器的延时时间初步整定为 2～5s。应根据电动机功率的大小，以可靠制动时间为准。

按图 2-12 接线，先接主电路和整流电路，后接控制电路。整流电路中的变压器接线端切不可接错，整流桥交流侧与直流侧极性不可接反，图中电位器 R

可用合适的固定电阻代替。接好线经指导教师检查后方可通电操作。

操作顺序：

（1）开启实验台电源总开关，按启动按钮，将调压器输出电压调整为380V。

（2）先断开整流电源（可拆开变压器的一端电源线或整流桥的一端直流输出线），再按下启动按钮 SB_1，使电动机启动运转，待电动机运转正常后，按停止按钮 SB_2，记录电动机的停车时间。

（3）接通整流电源（即恢复变压器的电源线或整流桥的直流输出线），再按下启动按钮 SB_1，待电动机转速稳定后，按停止按钮 SB_2，观察并记录电动机从按 SB_2 起到电动机停止运转的能耗制动时间 t_1 及时间继电器 KT 的延时释放时间 t_2，一般要求 t_2 大于 t_1。

（4）重新调整时间继电器的延时时间，使整定时间 t_2 与能耗制动时间 t_1 相等，即电动机一旦停止运转，便自动切断直流电源。

（5）重新按 SB_1 和 SB_2，观察时间继电器延时时间是否与制动时间一致。

（6）实验完毕，将调压器调回零位，按实验台停止按钮，切断实验电源。

5．实验注意事项

（1）连接电路应细心、谨慎，确保正确无误；联锁触头接线应可靠，不允许同时接通交流和直流两组电源。

（2）每次调整时间继电器延时时间必须在断开控制电源后进行，不可带电操作。

6．思考与练习

（1）如联锁功能失灵，KM_1、KM_2 同时得电，会产生什么影响？

（2）如 KM_2 已断电，但电动机还未停稳，应如何改进？

7．实验成绩评定

项目类别	配分	评分细则	扣分	得分
电路连接	40	接线错误每处扣 5 分，一个接线点超过 2 根线每处扣 2 分，主电路相序色标错误每处扣 1 分		

续表

项目类别	配分	评分细则	扣分	得分
实验过程	30	能耗制动回路接入前后，电动机的停转时间未做比较扣5分；时间继电器第二次整定时间未调整扣5分；电源电压调整误差超过5%扣5分		
通电	30	一次通电不成功扣10分，以后每次通电不成功均扣5分		
安全文明操作		每违反一次扣10分		
实验配时	90min	每超过规定时间5min扣10分		
开始时间		结束时间		实际用时		成绩	

实验十一　三相笼式异步电动机半波整流能耗制动控制

1. 实验目的

（1）通过实验进一步理解半波整流能耗制动原理，了解半波整流电流在电动机定子绕组中是怎样形成回路的。

（2）掌握将半波整流能耗制动原理图转换成实际实验电路的方法。

2. 原理说明

半波整流能耗制动电路与全波整流能耗制动电路相比，省去了变压器，直接利用三相电源中的一相，经过二极管半波整流以后，向电动机任意两相绕组输入直流电流作为制动电流，从而降低了设备成本。其电路图如图2-13所示。

控制电路动作过程如下。

启动：按下启动按钮 SB_1，使运行接触器 KM_1 线圈通电，其主触头闭合，电动机通电运行；同时 KM_1 辅助常开和常闭触头动作，分别实现自锁和联锁功能。

制动：按下停止按钮 SB_2，先是 KM_1 线圈断电，KM_1 主触头和辅助触头复位，使电动机脱离电源，凭惯性转动。当 SB_2 按到位时，SB_2 常开触头闭合，接触器 KM_2 线圈通电，KM_2 主触头闭合，接通电动机半波整流能耗制动电源，开始能耗制动。同时 KM_2 辅助常开和辅助常闭触头都动作，分别实现自锁和联

锁功能。另外，时间继电器 KT 也同时开始通电延时，待 KT 延时结束，KT 常闭触头断开，KM$_2$ 断电，分断电动机绕组的直流回路，能耗制动结束。

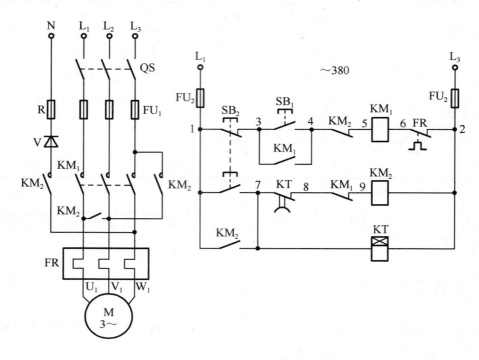

图 2-13　半波整流能耗制动控制电路图

3．实验设备

实验设备见表 2-11。

表 2-11　实验设备

序　号	代　号	名称及规格	数　量
1		三相交流电源 380V	1
2	M	三相交流电动机 0.5～2.2kW	1
3	KM$_1$、KM$_2$	交流接触器 10～20A/380V	2
4	FR	热继电器，整定电流为 1.6～5A	1
5	KT	时间继电器 0～60s/380V	1
6	SB$_1$、SB$_2$	按钮 LA18—22	2
7	V	二极管 5～10A/500V	1

续表

序　号	代　号	名称及规格	数　量
8	R	限流电阻器 15～20Ω	1
9		万用表	1
10		电压表 0～450V	3

4．实验内容

理解半波整流能耗制动电流在电动机绕组中电流回路的形成情况，分析直流电流的方向是由什么元件决定的。

调节时间继电器 KT 的延时时间为 2～3s，并检查其线圈和触头是否完好。

按图 2-13 接线，并用万用表检查接线是否正确，经指导教师允许后，方可进行通电操作。

（1）开启实验台电源总开关，按启动按钮，调节调压器使输出线电压为 380V。

（2）按电动机启动按钮 SB_1，观察电动机和接触器的动作情况。待电动机稳定运行后，再按下停止按钮 SB_2，观察并记录电动机从按下 SB_2 至电动机停转的能耗制动时间 t_1，以及时间继电器 KT 的延时释放时间 t_2。一般应使 t_1 小于 t_2。

（3）重新整定时间继电器 KT 的延时时间，使得 $t_1 = t_2$，即电动机一旦停转就能自动断开直流电源。

（4）重新按 SB_1 及 SB_2，观察电动机的制动时间 t_1 是否与时间继电器 KT 的释放时间 t_2 一致。

（5）对比一下半波整流能耗制动时间与全波整流能耗制动时间哪个短，并分析原因。

（6）实验结束，将调压器调回零位，切断实验电源。

5．实验注意事项

（1）由于该制动方式的制动电源直接接电源的相线，电压高，因此在整流回路中一定要可靠串接适当的限流电阻。

（2）时间继电器 KT 的延时调整，须在断开电源的情况下进行，不可带电调节。

6．思考与练习

（1）如改变整流二极管的极性连接，电动机制动力的方向是否会发生改变？为什么？

（2）归纳总结实验现象和结果，写出实验报告。

7．实验成绩评定

项目类别	配分	评分细则	扣分	得分
电路连接	40	接线错误每处扣 10 分，一个接线点超过 2 根线每处扣 2 分，主电路相序色标错误每处扣 1 分		
实验过程	30	时间继电器整定值调整不合理扣 5 分，全波整流与半波整流电动机制动时间的差异原因不能分析或分析错误扣 5 分，电源电压调整误差超过 5%扣 5 分		
通电	30	一次通电不成功扣 10 分，以后每次通电不成功均扣 5 分		
安全文明操作		每违反一次扣 10 分		
实验配时	90min	每超过规定时间 5min 扣 10 分		
开始时间		结束时间	实际用时	成绩

实验十二　　工作台自动往返控制

1．实验目的

（1）通过对工作台自动往返控制线路的实际安装接线及调试练习，了解行程开关的结构及作用，提高将电气原理图变换成安装接线图的能力，掌握继电板安装接线的方法与技巧。

（2）通过实验，进一步理解自动往返控制电路的原理，培养分析和排除线路故障的能力。

2．原理说明

自动往返控制电路在自动控制系统中应用广泛。很多生产机械要求工作台在一定距离内能自动往返,以便对工件进行连续加工。一般用行程开关的常闭触头停止电动机的正向运行,用行程开关的常开触头接通反向运行电路,从而实现限位的自动往返运行。其电路图如图 2-14 所示。

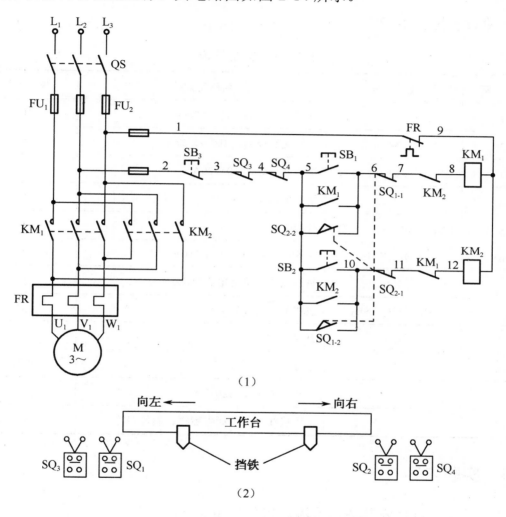

（1）

（2）

图 2-14　工作台自动往返控制电路图

在电路中,当电动机正转时,工作台向左运行;当电动机反转时,工作台向右运行。四个行程开关分别安装在工作台需要限位的两个终端上。其中 SQ_1、SQ_2 安装在需要自动往返的位置上。当工作台运行到所限位置时,位置开关动作,自动切换电动机正反转控制电路的断开与接通,从而实现工作台的自动往返。行程开关 SQ_3 和 SQ_4 分别安装在生产机械极限位置上,起终端保护作用。在该电路中当工作台向左运动结束时,向右运动马上就开始,即电动机正转一

结束，反转就要开始，所以该电路是正反转控制电路的实际应用。

3．实验设备

实验设备见表 2-12。

表 2-12　实验设备

序　　号	代　　号	名称及规格	数　　量
1		木质安装板 600mm×550mm	1
2	M	三相交流电动机 0.5～2.2kW	1
3	FU_1	熔断器，熔芯 10～20A	3
4	FU_2	熔断器，熔芯 4～6A	2
5	SQ_1、SQ_2、SQ_3、SQ_4	行程开关	4
6	KM_1、KM_2	交流接触器 10～20A/380V	2
7	FR	热继电器，整定电流为 1.6～5A	1
8	SB_1、SB_2、SB_3	按钮 LA18—22	3
9		万用表	1
10		木螺钉	适量
11		三相交流电源 380V	1
12		常用接线工具，如尖嘴钳、螺丝刀等	各 1

4．实验内容

（1）设计元器件安装图，检测元器件质量。

（2）根据元器件安装图在安装板上安装元器件。

（3）按图 2-14 接线，布线应符合以下要求：

① 走线通道要尽可能少，导线按主控电路分类集中，单层密排，并紧贴安装板。

② 布线应横平竖直，分布均匀，改变走向应垂直。

③ 同一平面的导线应高低一致，前后一致，不能交叉。遇到非交叉不可的情况，该导线在接线端子引出时，应水平架空跨越且走线合理。

④ 同一元件、同一回路的不同接点的导线间距离应保持一致。

⑤ 导线与接线端子或接线桩连接时，不得压绝缘层，不反圈，露铜长度一般不超过 2mm。

⑥ 一个电气元件接线端子的连接导线不得多于两根，每节接线端子排上的连接导线一般只允许连接一根。

⑦ 布线时严禁损伤线芯和导线绝缘层。

⑧ 为便于检修，连接导线终端应套与原理图电位号一致的号码管。

（4）若需要采用线槽布线，应符合以下工艺要求：

① 线槽固定应横平竖直，线槽与电器元件的间距应适中，以便于布线并节约导线。

② 所用导线不能损伤线芯和绝缘层，中间不得有接头。

③ 元器件上下接线端子引出线，应分别进入上下线槽，导线不允许从水平方向进入线槽内。

④ 进入线槽的导线应尽量避免交叉，而且要全部进入线槽。为便于装配与维修，槽内所装导线不宜过满，应控制在线槽容量的 70% 以内。

⑤ 线槽以外的连接导线也应合理走线，尽量做到横平竖直，改变走向应垂直。

⑥ 在同一电器元件上位置一致的端子上引出的导线要求敷设在同一平面上，并做到高低、前后一致，不得有交叉。

⑦ 选用的接线端子必须与导线的截面积和材料性质相适应。一般一个接线端子接一根导线。

⑧ 端子排上的接线端子及二次电路导线接头都应套上与原理图电位号一致的号码管，便于检修。

（5）布线结束，须用万用表电阻挡检查接线是否正确，经指导教师允许后方可通电操作。

操作顺序：

① 合上电源开关，并用万用表检查电压是否正常。

② 按下 SB_1 使电动机正转，运转约 20s。

③ 用手按行程开关 SQ_1（模拟工作台向左运行到终点，挡铁压下限位开关），电动机应停止正向运转，并马上变为反向运转。由于电动机从正转突然变为反

转，冲击电流很大，电动机出现短时振动属正常现象。

④ 反转约 20s，再用手按 SQ_2（模拟工作台退回原位，挡铁压下限位开关），观察电动机是否停止反转并改为正转。

⑤ 重复一次电动机运转操作，如动作正常则表示电路工作正常。

⑥ 指导教师设置一个或两个故障，由学生检查、分析和排除。

⑦ 按下停止按钮 SB_3，电动机 M 断电。实验完毕，断开电源开关，切断实验电源。

5．实验注意事项

（1）电路中终端保护用的行程开关 SQ_3、SQ_4 在做实验时如元件不够可以省略，但须用短接线将二次电路连通。

（2）本实验在完成正常的电路连接基础上，重点突出规范布线工艺的训练。完美的布线工艺与元器件的合理安装关系密切。元器件排布时应先确定接触器的位置，再确定其他元器件的位置。确定元器件位置应做到既要便于布线又要便于检修。安装元器件螺钉时要先对角固定，不能一次拧紧，待螺钉上齐后再逐一拧紧。

（3）电器安装要便于工作。接触器一般应垂直安装，其倾斜角不得超过 5°，否则会影响其动作特性。热继电器一般应安装在接触器的下方，热继电器整定电流旋钮的刻度值应正对安装人员，便于调整。熔断器的安装要便于电源线进出连接。

（4）电动机和按钮的连接线宜从接线端子排中引入，应采用软线。接线端子必须与导线的截面积和材料性质相适应。

（5）在安装板上做通电实验，应特别谨慎，不允许用手触及各电器元件的导电部分，以免触电，尽量采用单手操作。

6．思考与练习

（1）按下 SB_1 以后，电路就能实现自动往返，那么 SB_2 是否可以取消呢？为什么？

（2）若行程开关等一系列元器件质量合格，电路连接正确且工作正常，能否保证实际的工作台自动往返动作正常？为什么？

7. 实验成绩评定

项目类别	配分	评分细则	扣分	得分
元件安装	10	1. 元件布置不整齐、不合理每只扣 1 分 2. 元件安装不牢固每只扣 1 分 3. 损坏元件每只扣 3 分		
布线	40	1. 接点松动、线头露铜超过 2mm、反圈、压绝缘层每处扣 1 分 2. 要求标记线号的未标或错标每处扣 0.5 分 3. 一个接线点超过 2 根线每处扣 1 分 4. 导线交叉每根扣 1 分 5. 按钮行程开关的外连接线未从端子排过渡各扣 2 分 6. 布线美观度不好扣 5～10 分		
实验过程	20	1. 主控电路熔芯配错扣 2 分 2. 仪器仪表使用不当扣 2 分 3. 故障排除不成功扣 5 分 4. 时间继电器、热继电器整定不合理各扣 2 分 5. 实验操作顺序不正确扣 2 分		
通电	30	一次通电不成功扣 10 分,以后每次通电不成功均扣 5 分		
安全文明操作		每违反一次扣 10 分		
实验配时	300min	每超过规定时间 5min 扣 5 分		
开始时间		结束时间	实际用时	成绩

实验十三 双速电动机调速控制

1. 实验目的

（1）通过实验，进一步了解三相交流异步电动机的变速原理，重点理解变极调速的方法与原理。

（2）通过对三相交流异步电动机变极调速控制电路的装接与调试，熟悉双速电动机的结构特点及使用注意事项。

2. 原理说明

在生产实践过程中，经常需要对运行的交流异步电动机进行速度变换来满足某些生产环节的需要。由电动机转速公式 $n=\dfrac{60f}{P}(1-S)$ 可知，改变三相交流异步电动机转速的方法有三种。由于改变频率 f 和转差率 S 都不太方便，目前，广泛使用的调速方法主要是改变定子绕组的磁极对数 P。改变电动机磁极对数，通常是通过改变定子绕组的连接方法来实现的。根据电机学原理可知：电动机某相定子绕组从顺向串联变换成反向串联或反向并联后，电动机的磁极对数就比原来减少一倍，从而转速就增加一倍。这种可以通过变换绕组连接方法来实现两种转速的电动机称为双速电动机。在实践中，双速电动机绕组是怎样从顺向串联变换到反向串联或反向并联的呢？在实际应用中通常采用以下两种办法来实现：一种是将三角形连接的绕组改接成双星形，另一种是将单星形连接的绕组改接成双星形。这两种变换中，绕组接成星形或三角形时为 4 极电动机（$P=2$），同步转速为 1500r/min；换接成双星形后，磁极对数减少一倍，其同步转速变为 3000r/min，即转速提高了一倍。同理，在双速电动机的基础上，通过增加绕组套数和改变接法，还可以制成多速电动机。

双速电动机要将三角形或单星形连接改成双星形连接，所以在定子绕组中要设置中心抽头，这是双速电动机与普通电动机的主要结构区别。下面以接触器控制的双速电动机调速控制电路为例，分析双速电动机的调速方法。其电路图如图 2-15 所示。

在图 2-15 中，低速时将绕组中心抽头 U_2、V_2、W_2 三个出线端悬空，将 U_1、V_1、W_1 三个绕组出线端通过接触器 KM_1 分别接电源 L_1、L_2、L_3，三相定子绕组就构成了三角形连接。此时每相绕组（1）、（2）两部分线圈相互串联，磁极为 4 极，同步转速为 1500r/min。若要增速，则先将 KM_1 断开，再将 KM_2、KM_3 通电吸合。此时，U_2、V_2、W_2 分别接三相电源 L_1、L_2、L_3，而 U_1、V_1、W_1 三个出线端短接，电动机三相绕组便接成双星形，即每相绕组（1）、（2）两部分线圈相互并联，磁极变为 2 极，同步转速增为 3000r/min。其控制电路动作过程如下。

（1）低速运转：先合上隔离开关 QS，再按下低速启动按钮 SB_2，接触器 KM_1 通电，主触头闭合，电动机绕组接成三角形低速运转。同时 KM_1 常开、常闭辅助触头动作，分别实现自锁和联锁。

（2）高速运转：按下高速启动按钮 SB_3，KM_1 接触器线圈断电，所有触头复位，电动机断电，凭惯性继续运转。由于 KM_1 常闭触头复位，使得 KM_2 和 KM_3 线圈同时通电，KM_2 和 KM_3 常开、常闭辅助触头动作，分别实现自锁和联锁，KM_2 和 KM_3 主触头闭合，电动机绕组变换成双星形连接而高速运转。

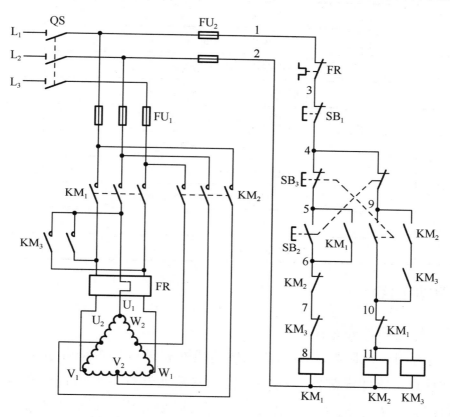

图 2-15　接触器控制的双速电动机调速控制电路图

3．实验设备

实验设备见表 2-13。

表 2-13　实验设备

序　号	代　号	名称及规格	数　量
1		三相交流电源 380V	1
2	M	双速电动机 1～2.2kW	1

续表

序　号	代　号	名称及规格	数　量
3	KM₁、KM₂、KM₃	交流接触器 10~20A/380V	3
4	FR	热继电器，整定电流为 2.4~6.4A	1
5	QS	隔离开关	1
6	FU₁	熔断器 RL₁—60/20	3
7	FU₂	熔断器 RL₁—15/6	3
8	SB₁	停止按钮 LA18—22	1
9	SB₂	低速启动按钮 LA18—22	1
10	SB₃	高速启动按钮 LA18—22	1
11		组合端子排 20A/18 节	1
12		电压表 0~450V	3
13		木质安装板 600mm×550mm	1
14		木螺钉	适量
15		常用接线工具	各 1

4．实验内容

（1）设计元器件安装图。

（2）用万用表电阻挡检测电器元件的线圈和触点是否符合质量要求。

（3）根据元器件安装图，在安装板上安装元器件。元器件位置确定要做到既便于接线，又便于检修。安装元器件螺钉时要先对角固定，不能一次拧紧，待螺钉上齐后再逐步拧紧。电器安装要便于工作，接触器一般应垂直安装，其倾斜角不得超过5°。

（4）按图 2-15 接线，布线应符合工艺要求。具体的接线工艺要求与实验十二相同。二次线路铜芯导线截面积一般不小于 1.5mm²。接线端子排到按钮及电动机的连线宜采用多股软线。

（5）接线完毕，须用万用表检查接线是否正确，经指导教师允许后方可进行通电操作。

操作顺序：

① 开启电源开关，用万用表检查电源电压是否符合要求。

② 按低速启动按钮 SB_2，观察接触器和电动机的运行情况。此时电动机应按三角形连接，正常运转。

③ 按下高速运转启动按钮 SB_3，观察电动机和接触器的运行情况。此时，KM_1 应断电，KM_2、KM_3 应通电动作，电动机绕组变换成双星形连接而高速运转。

④ 待高速运转稳定以后，再按下低速按钮 SB_2，观察接触器和电动机的运行情况。由于电路设置了双重联锁，其转速变换应能顺利完成。如在通电运行中出现异常故障，应立即停电并排除故障。

⑤ 实验正常后再按下停止按钮 SB_1，接触器和电动机停止运转，先断开隔离开关 QS，最后切断实验电源。

5. 实验注意事项

（1）双速电动机接线前，应仔细检查电动机各相绕组端头的分布情况，中心抽头与绕组首尾端头不能混淆，否则电动机不能正常运行。

（2）通电时，如发现电动机转速和声音出现异常，应及时停机检查，待故障排除后方能继续进行通电操作。

（3）严格遵守实验操作程序和安全规程，切不可用手触及带电体，以防发生触电事故。

6. 思考与练习

（1）为什么电动机绕组由三角形连接变换成双星形连接后，磁极对数会减少一倍？试用右手螺旋定则分析结果。

（2）双速电动机与三速电动机的绕组结构有什么不同？试画出三速电动机的控制电路图。

7. 实验成绩评定

项目类别	配分	评分细则	扣分	得分
元件安装	10	1. 元件布置不整齐、不合理每只扣 1 分 2. 元件安装不牢固每只扣 1 分 3. 损坏元件每只扣 3 分		

续表

项目类别	配分	评分细则	扣分	得分
布线	40	1. 接点松动、线头露铜超过 2mm、反圈、压绝缘层每处扣 1 分 2. 要求标记线号的未标或错标每处扣 0.5 分 3. 一个接线点超过 2 根线每处扣 1 分 4. 导线交叉每根扣 1 分 5. 按钮外连接线未从端子排过渡各扣 2 分 6. 布线美观度不好扣 5～10 分		
实验过程	20	1. 低速与高速实验顺序操作错误扣 2 分 2. 仪器仪表使用不当扣 2 分 3. 热继电器整定不合理各扣 2 分 4. 双速电动机接线不正确扣 2 分		
通电	30	一次通电不成功扣 10 分，以后每次通电不成功均扣 5 分		
安全文明操作		每违反一次扣 10 分		
实验配时	300min	每超过规定时间 5min 扣 5 分		
开始时间		结束时间		实际用时		成绩	

实验十四　接触器控制的自耦变压器降压启动控制

1. 实验目的

（1）了解自耦变压器的结构和特点，进一步理解自耦变压器降压启动的工作原理。

（2）掌握自耦变压器的接线方法及选用原则。

2. 原理说明

自耦变压器降压启动的原理是在电动机启动时把自耦变压器中间抽头的输出电压接入电动机，使电动机在启动时得到的电压是电源电压的一部分，从而使电动机的启动电流下降。待启动结束后，再把自耦变压器切除，使电动机全压运行。自耦变压器通常有 65% 和 80% 两种规格的中间抽头，在一般情况下选用 65% 就可以了。由于自耦变压器降压启动的最大优点是启动转矩比较大，所

以在很多对启动转矩要求较高的使用场合，星-三角启动不能满足要求的情况下，选用自耦变压器降压启动方式还是非常合适的。相关电路图如图 2-16 所示。

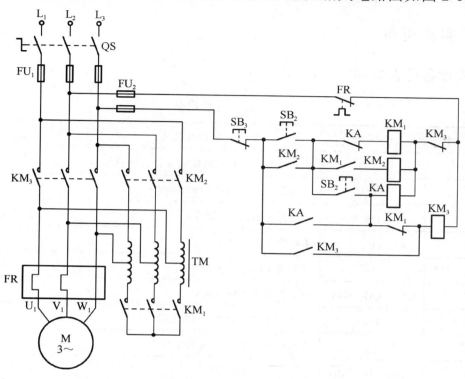

图 2-16　接触器控制的自耦变压器降压启动电路

　　该电路采用了一只中间继电器，用于启动结束转为全压运行时起中间过渡作用。该电路设置了两个启动按钮 SB_1、SB_2，但这两个启动按钮是有顺序要求的。只有按下启动按钮 SB_1 以后，再按运行按钮 SB_2 才会起作用，这样就保证了只有进行自耦变压器降压启动以后，全压运行接触器 KM_3 才能正常吸合动作，否则电动机是无法全压运行的。

　　其电路动作过程如下。

　　先合上组合开关 QS，再按启动按钮 SB_1，KM_1 线圈通电，KM_1 常闭触头断开与 KM_3 实现联锁；KM_1 常开触头闭合，KM_2 线圈通电，其常开触头闭合实现自锁；当 KM_1、KM_2 两个接触器的主触头都闭合时，电动机就开始实现自耦变压器降压启动。

　　当电动机转速达到一定值时，再按下升压按钮 SB_2，先是中间继电器 KA 线圈通电，其常闭触头断开；KM_1 线圈断电，其所有触头复位，KM_2 也随即断电，表

示启动结束。KA 常开触头闭合，实现自锁；KM₃ 线圈通电，其常闭触头断开实现联锁、常开触头闭合实现自锁，KM₃ 主触头闭合，电动机就进入全压运行状态。

3．实验设备

实验设备见表 2-14。

表 2-14　实验设备

序　号	代　号	名称及规格	数　量
1		600mm×600mm 安装板或实训台网孔板	1
2	M	三相交流电动机 0.5kW/380V	1
3	QS	转换开关 HZ10—25/3	1
4	FU₁	熔断器 RL₁—15/6	3
5	FU₂	熔断器 RL₁—15/4	2
6	KM₁、KM₂、KM₃	交流接触器 10A/380V	3
7	TM	三相自耦变压器 0.5kW 定制	1
8	FR	热继电器，整定电流为 1.6A	1
9	SB₁、SB₂、SB₃	组合按钮 LA₄—3H	1
10	KA	中间继电器 JZ7—44/380V	1
11		端子排 20A/18 节	1
12		固定螺钉、导线、号码管	适量
13		常用电工工具	各 1

4．实验内容

（1）画出元器件安装图，并在原理图上练习标注电位号。

（2）用万用表电阻挡检测电器元件的线圈和触点是否符合质量要求。

（3）根据元器件安装图，在安装板上安装元器件。元器件位置既要便于接线，又要便于检修。电器安装要求牢固，便于可靠工作。接触器一般应垂直安装，其倾斜角不超过 5°。

（4）按图接线，自耦变压器取 65% 的中间抽头。布线符合工艺要求，具体的工艺要求与实验十二相同。二次线铜芯导线截面积一般不小于 1.5mm²。端子

排到按钮及电动机的连线宜采用截面积不小于 $1.0mm^2$ 的多股软线。

（5）接线完毕，须用万用表检查是否正确，经指导教师允许后方可进行通电操作。

通电操作顺序：

① 开启电源开关和转关开关，用万用表检查电源电压是否符合要求。

② 先按下启动按钮 SB_1，观察启动电路的电器动作是否正确，如接线正确，自耦变压器降压启动电路应正常工作，电动机低压运转应正常。

③ 待启动转速达到稳定以后，先用万用表测量电动机的线电压，并做记录，再按下全压运行按钮 SB_2。此时，中间继电器和接触器 KM_3 应正常通电动作，自耦变压器停止工作，电动机全压运行。此时，再用万用表测量电动机的线电压。如实验中出现异常，实验者应立即停电，自行用万用表检查，待故障排除后，再重新实验。

④ 比较电动机启动和全压运行两次线电压测量记录，验证一下电动机启动线电压是否为全压运行线电压的 65%。

⑤ 待实验正确完成后，按下停止按钮 SB_3，接触器和电动机停止工作，再断开安装板上的转换开关 QS，最后切断总电源。

5．实验注意事项

（1）自耦变压器在接线前一定要仔细检查各绕组端头的分布情况，中心抽头与首尾端头不能混淆，而且要分清楚哪三个是 65% 抽头。

（2）通电时，如发现电动机转速和声音出现异常，应及时停电检查，待故障排除后方能再次通电实验。

（3）自耦变压器由于导线电流密度取得较大，不能长时间连续启动，以免烧坏变压器。

（4）严格遵守安全操作规程，切不可用手触及带电体，以防发生触电事故。

（5）该电路未设置自动功能，所以启动电动机时应注意力集中，启动转速稳定后应及时按 SB_2 转为全压运行。

6．思考与练习

（1）自耦变压器降压启动的优缺点是什么？

（2）采用自耦变压器启动时，电动机三相定子绕组是否可以接成三角形？为什么？

（3）在该实验电路图中，自耦变压器中间抽头接的是哪一种规格？为什么？

（4）试将该电路图改为用时间继电器控制的自动控制电路图。

7．实验成绩评定

项目类别	配分	评分细则	扣分	得分
元件安装	10	1．元件布置不整齐、不合理每只扣 2 分 2．元件安装不牢固每只扣 1 分 3．损坏元件每只扣 3 分		
布线	40	1．未画安装图，原理图上未标注电位号各扣 3 分 2．接点松动、线头露铜超过 2mm、反圈、压绝缘层每处扣 1 分 3．一个接线点超过 2 根线每处扣 1 分 4．导线交叉每根扣 1 分 5．按钮和自耦变压器外连接线未从端子排过渡各扣 2 分 6．布线美观度不好扣 5～10 分		
实验过程	20	1．自耦变压器中心抽头接错扣 3 分 2．全压运行按钮 SB_2 未及时按下扣 2 分 3．出现短路故障扣 2 分		
通电	30	一次通电不成功扣 10 分，以后每次通电不成功均扣 5 分		
安全文明操作		每违反一次扣 10 分		
实验配时	240min	每超过规定时间 5min 扣 5 分		
开始时间		结束时间	实际用时	成绩

实验十五　双速交流异步电动机自动变速控制

1．实验目的

（1）进一步了解双速电动机的结构和接线方法。

（2）理解断电延时时间继电器的特点，掌握自动变速控制电路的接线技能和实验方法。

2．原理说明

时间继电器自动控制变速电路与接触器控制的双速电动机控制电路的区别在于，电动机从低速到高速转换时一个是按钮手动，一个是时间继电器延时自动完成。通过合理调整时间继电器的延时时间，可以减少人为操作的时间误差，使之更理想、更合理。主电路采用了两只交流接触器 KM_1 和 KM_2。KM_1 吸合，电动机接成三角形，低速运转；KM_2 吸合，电动机接成双星形，高速运转。电路中选用了断电延时时间继电器来控制转换时间。断电延时时间继电器的特点是线圈通电，延时触头即刻动作，但复位必须等到延时结束才完成。所以在使用时，必须搞清楚这一特点，才能正确分析电路原理。其控制原理如图 2-17 所示。

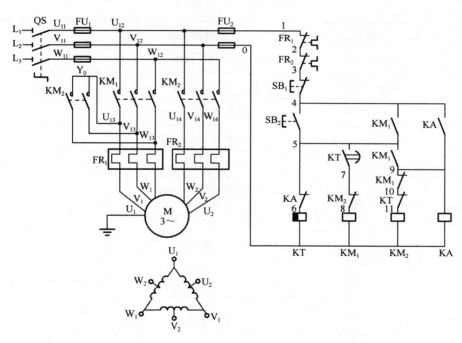

图 2-17　时间继电器控制的自动变速控制原理图

电路动作过程如下。

合上电源开关 QS，再按下启动按钮 SB_2，时间继电器 KT 线圈通电，KT 常闭触头断开、常开触头闭合，KM_1 线圈通电，KM_1 常开触头闭合，实现自锁；KM_1 常闭触头断开，实现联锁；KM_1 主触头闭合，电动机低速启动（电动机内

部已接成三角形）。同时，中间继电器 KA 线圈通电，KA 常开触头闭合，实现自锁；KA 常闭触头断开，KT 线圈断电，KT 常闭触头立即复位。待 KT 延时结束，KT 常开触头复位，KM$_1$ 线圈断电，KM$_1$ 所有触头复位；KM$_2$ 线圈随即通电，KM$_2$ 常闭触头断开，实现联锁；KM$_2$ 主触头和常开触头闭合，电动机接成双星形高速运转。需要停机时，按下 SB$_1$，KM$_2$、KT 线圈断电，所有触头复位，运行结束。在运行中，如出现长时间过载，热继电器 FR$_2$ 常闭触头会自动断开，控制电路断电，电动机停转，实现过载保护。

3．实验设备

实验设备见表 2-15。

表 2-15　实验设备

序　号	代　号	名称及规格	数　量
1	M	双速电动机　1kW　△/YY	1
2	QS	组合开关　HZ10—25/3	1
3	FU$_1$	熔断器　RL$_1$—15/6	3
4	FU$_2$	熔断器　RL$_1$—15/4	2
5	KM$_1$、KM2	交流接触器　10A/380V	2
6	KA	中间继电器　JZ7—44/380V	1
7	FR	热继电器，整定电流为 2.4A	2
8	SB$_1$、SB$_2$	组合按钮　LA$_4$—2H	1
9		端子排　20A/12 节	1
10		600mm×550mm 安装板或实训台网孔板	1
11		紧固件、导线、号码管	适量
12		常用电工工具	各 1

4．实验内容

（1）画出元器件安装图。

（2）用万用表检测电器元件的线圈和触点是否符合要求。

（3）根据元器件安装图在安装板上安装元器件。电器安装要求牢固、可靠。

接触器要求垂直安装，其倾斜角应不超过 5°。

（4）将时间继电器整定为 5s，热继电器电流整定为电动机额定电流的 1.1 倍。

（5）按电路图接线，其具体的布线工艺要求与实验十二相同。二次线铜芯导线截面积为 1.5mm²，端子排到电动机按钮的连线宜采用截面积不小于 1.0mm² 的铜芯软线。二次线须套号码管，便于检修。

（6）接线完毕，须用万用表检查是否正确，经指导教师允许后方可进行通电操作。

通电操作顺序：

① 开启电源开关 QS，用万用表检查电源电压是否符合要求。

② 先按下低速启动按钮 SB₂，观察启动电路的电器动作是否正确，如接线正确，电动机应开始三角形连接低速启动运转，经过一段时间延时后，便自动转为双星形高速运转。

③ 如通电不成功，应及时断开电源开关，由实验者自行检查，排除故障后再重新实验。通电成功后，指导教师设置一个故障让实验者排除。一次通电成功，指导教师设置两个故障，由实验者排除。

④ 实验项目全部完成后，先按下停止按钮 SB₁，再断开组合开关 QS，最后断开电源总开关。

5．实验注意事项

（1）在接线前应仔细检查双速电动机的各个绕组接头，电动机中心抽头与绕组首尾端头切不可混淆。

（2）通电时，如发现电动机转速和声音出现异常，应及时停电检查，待故障排除后方能再次通电实验。

（3）严格遵守安全操作规程，切不可用手触及带电体，以防发生触电事故。

6．思考与练习

（1）如时间继电器 KT 规格搞错，误将通电延时型取代断电延时型，会有什么现象发生？

（2）如电动机绕组中心抽头标记不清楚，如何用万用表检查判断？

7．实验成绩评定

项目类别	配分	评分细则	扣分	得分
元件安装	10	1．元件布置不整齐、不合理每只扣 2 分 2．元件安装不牢固每只扣 1 分 3．损坏元件每只扣 3 分 4．熔断器倒装每只扣 1 分		
布线	40	1．未画安装图扣 3 分 2．线头号码管标注错误每处扣 0.5 分 3．接点松动、线头露铜超过 2mm、反圈、压绝缘层每处扣 1 分 4．一个接线点超过 2 根线每处扣 1 分 5．导线交叉每根扣 1 分 6．按钮和双速电动机外连接线未从端子排过渡各扣 2 分 7．布线美观度不好扣 5～10 分		
实验过程	20	1．电动机绕组中心抽头接错扣 3 分 2．设置的故障不能排除扣 5 分 3．通电出现短路故障扣 2 分 4．时间继电器、热继电器整定不合理各扣 2 分		
通电	30	一次通电不成功扣 10 分，以后每次通电不成功均扣 5 分		
安全文明操作		每违反一次扣 10 分		
实验配时	240min	每超过规定时间 5min 扣 5 分		
开始时间		结束时间　　　　　实际用时	成绩	

实验十六　星-三角降压启动、全波整流能耗制动控制

1．实验目的

（1）理解断电延时型时间继电器自动控制全波整流能耗制动的电路特点。

（2）掌握星-三角降压启动、全波整流能耗制动电路的工作原理和接线方法。

（3）提高分析电路、排除电路故障的能力。

2．原理说明

　　星-三角降压启动、全波整流能耗制动控制原理是把之前所学的星-三角降压启动和全波整流能耗制动两个控制电路的控制功能合理地组合起来，形成一个控制电路。在电路中，能耗制动的直流电源通过整流桥提供。整流桥的输入电压，由控制变压器提供。变压器的输入电压为线电压 380V，输出电压由 24V、36V 两组电压抽头提供，在实验时，一般小容量电动机选用 24V 就可以了。制动时间由时间继电器根据实际制动时间进行合理整定，一般小容量电动机 2～3s 就可制动结束。其原理图如图 2-18 所示。

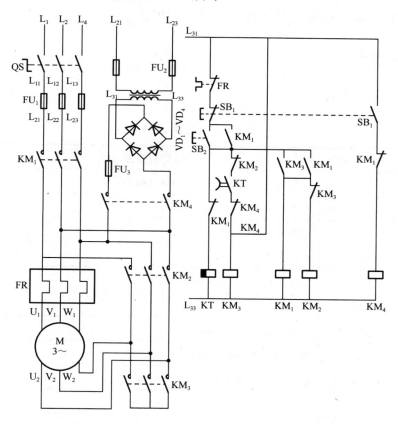

图 2-18　星-三角降压启动、全波整流能耗制动控制原理图

　　在电路中，KM$_3$ 是星形启动用接触器，KM$_2$ 是三角形全压运行用接触器，KM$_4$ 是制动用接触器，KM$_1$ 是主电路电源控制接触器。其电路动作过程如下。

　　先合上电源开关 QS，再按下启动按钮 SB$_2$，时间继电器 KT 线圈通电，KT

常开触头立即闭合，KM₃ 通电，KM₃ 常闭触头断开，实现联锁。KM₃ 常开触头闭合，KM₁ 线圈通电，KM₁ 一个常闭触头断开，与 KM₄ 联锁；另一个常闭触头断开，KT 断电延时开始；KM₁ 常开触头闭合，实现自锁。此时 KM₁ 和 KM₃ 主触头都闭合，电动机就开始星形降压启动。待 KT 延时结束，KT 常开触头复位，KM₃ 断电，KM₃ 所有触头复位，KM₂ 线圈随即通电；KM₂ 常闭触头断开，实现联锁；KM₂ 主触头闭合，电动机就由原来的星形启动转化为三角形全压运行。

需要停机时，则按下停止按钮 SB₁，先是 SB₁ 常闭触头断开，KM₁、KM₂ 线圈断电，KM₁、KM₂ 所有触头复位；SB₁ 按到底，SB₁ 常开触头闭合，KM₄ 通电，KM₃ 再次通电，制动开始；其直流电流通过 W、V 二相绕组形成回路，待 2～3s 制动结束，松开按钮 SB₁，切断制动回路。

3．实验设备

实验设备见表 2-16。

表 2-16　实验设备

序　号	代　号	名称及规格	数　量
1	M	三相交流电动机 0.5～2.2kW/380V	1
2	QS	组合开关 HZ10—25/3	1
3	FU₁	熔断器 RL₁—15/10	3
4	FU₂	熔断器 RL₁—15/4	3
5	KM₁	交流接触器 10A/380V	1
6	KM₂	运行接触器 10A/380V	1
7	KM₃	启动接触器 10A/380V	1
8	KM₄	制动接触器 10A/380V	1
9	FR	热继电器，整定电流为 1.6～5A	1
10	KT	时间继电器 JS7—4A/380V/0～60s	1
11	SB₁、SB₂	组合按钮 LA₄—2H	1
12	TC	控制变压器 380V/36V、24V/100W	1
13		整流桥 5A/100V	1
14		端子排 20A/12 节	1
15		万用表	1

续表

序　号	代　号	名称及规格	数　量
16		600mm×550mm 安装板或实训台网孔板	1
17		紧固件、导线、异形号码管 、线槽	适量
18		常用电工工具	各 1

4．实验内容

（1）画出元器件安装布置图，并在控制电路中标注电位号。

（2）用万用表检测电器元件的线圈和触点是否符合要求。

（3）根据元器件安装布置图在安装板上安装元器件。电器安装要求牢固、可靠。接触器要求垂直安装，其倾斜角应不超过 5°。

（4）按电路图接线，本实验采用线槽布线，其工艺要求如下：

① 线槽固定应横平竖直，线槽与电器元件的间距应适中，以便于布线并节约导线为宜。

② 所用导线不能损伤线芯和绝缘，中间不得有接头。

③ 元器件上、下接线端子引出线应分别进入上、下线槽，导线不允许从水平方向进入线槽。

④ 进入线槽的导线应尽量避免交叉，而且要全部进入线槽。为便于装配与维修，槽内所装导线不宜过满，应控制在线槽容量的 70%以内。

⑤ 线槽外的连接导线也应走线合理，做到横平竖直，改变走向应垂直。

⑥ 从同一电器元件上位置一致的端子上引出的导线要求敷设在同一平面上，并做到高低、前后一致，不得交叉。

⑦ 选用的接线端子必须与导线的截面积和材料性质相适应。一般一个接线端子一根导线。

⑧ 端子排上的接线端头及二次电路导线接头都要套上与原理图电位号一致的号码管，便于检修。

⑨ 二次导线截面积为 $1.5mm^2$，端子排到按钮及电动机的外连接线应采用截面积不小于 $1.0mm^2$ 的多股软线。

（5）布线完毕，须用万用表电阻挡检查接线是否正确，经指导教师允许后方可通电实验。

通电操作顺序：

① 开启电源开关 QS，用万用表检查电源电压和整流桥输出电压是否正常。

② 先按下启动按钮 SB₂，观察 KT、KM₃、KM₁ 是否正常通电动作，如接线正确，电动机应能星形降压启动。当 KM₁ 通电以后，KT 应立即断电延时，计算启动时间，待延时结束，电动机应由星形启动转为三角形全压运行。

③ 待转速稳定，按下 SB₁，先切断电动机电源，后接通制动回路。此时，观察电动机转速是否迅速降低，并计算制动时间，待电动机停转，再松开按钮 SB₁。

④ 如通电功能不正常，应及时断开电源开关，由实验者自行检查，待故障排除后再重新实验。通电成功后，指导教师设置一个故障让实验者排除。如一次通电成功，指导教师设置两个故障，由实验者排除。

⑤ 实验项目全部完成后，先按下停止按钮，再断开组合开关 QS，最后断开电源总开关。

5．实验注意事项

（1）控制变压器的摆放要便于布线，而且输出电压的接线端头不能标错。

（2）整流桥的交、直流侧要判断正确，按图接线。

（3）严格遵守安全操作规程，切不可用手触及带电体，防止触电。

6．思考与练习

（1）异步电动机星形启动时每相定子绕组上的启动电压是正常工作电压的 $1/\sqrt{3}$ 倍，为什么启动电流是三角形直接启动时的 1/3？

（2）如整流桥正负极性搞错，能耗制动功能是否受影响？为什么？

（3）试将该电路改为用时间继电器自动控制制动时间的电路。

7．实验成绩评定

项目类别	配分	评分细则	扣分	得分
元件安装	10	1．元件布置不整齐、不合理每只扣 2 分 2．元件安装不牢固每只扣 1 分 3．损坏元件每只扣 3 分 4．熔断器倒装每只扣 1 分		

续表

项目类别	配分	评分细则	扣分	得分
布线	40	1．未画安装图扣 3 分 2．线头号码管未标记线号或标注错误每处扣 0.5 分 3．接点松动、线头露铜超过 2mm、反圈、压绝缘层每处扣 1 分 4．一个接线点超过 2 根线每处扣 1 分 5．导线未进线槽每根扣 1 分 6．槽外导线交叉每根扣 1 分 7．按钮和电动机外连接线未从端子排过渡各扣 2 分 8．布线美观度不好扣 5～10 分		
实验过程	20	1．变压器绕组抽头接错扣 3 分 2．时间继电器、热继电器整定不合理各扣 2 分 3．设置的故障不能排除扣 5 分 4．通电出现短路故障扣 2 分		
通电	30	一次通电不成功扣 10 分，以后每次通电不成功均扣 5 分		
安全文明操作		每违反一次扣 10 分		
实验配时	240min	每超过规定时间 5min 扣 5 分		
开始时间		结束时间　　　　实际用时	成绩	

实验十七　双重联锁正反转启动能耗制动控制

1．实验目的

（1）通过实验，进一步理解双重联锁正反转启动半波整流能耗制动的电路原理。

（2）掌握双重联锁正反转启动能耗制动控制电路的接线方法。

（3）提高分析电路、排除电路故障的能力。

2．原理说明

双重联锁正反转启动能耗制动控制电路是把双重联锁正反转电路与半波整流能耗电路合理地组合在一起，以实现完整的控制功能。该控制电路主要

采用了三只交流接触器和一只通电延时型时间继电器；制动选择半波整流型，所以整流回路只用了一只二极管和一只限流电阻。其中 KM_3 是用来控制接通和断开能耗制动回路的。能耗制动时间由时间继电器自动控制。其原理图如图 2-19 所示。

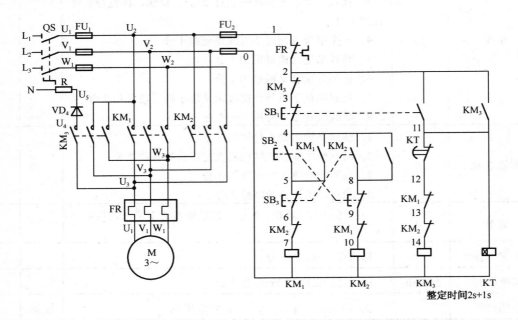

图 2-19　双重联锁正反转启动能耗制动控制电路原理图

电路动作过程如下。

合上电源开关 QS，先按下启动按钮 SB_2，则 SB_2 常闭触头先断开，实现联锁。SB_2 常开触头闭合，KM_1 线圈通电，KM_1 常闭触头断开，实现双重联锁；KM_1 常开触头闭合，实现自锁；KM_1 主触头闭合，电动机正转。反转原理与正转相同，不再赘述。

需要停机时，按下停止按钮 SB_1，KM_1 或 KM_2 线圈断电，其所有触头复位。SB_1 按到底，其常开触头闭合，KM_3 线圈通电，KM_3 常闭触头断开，与 KM_1、KM_2 构成联锁；KM_3 常开触头闭合，实现自锁；KM_3 主触头闭合，能耗制动开始。同时时间继电器 KT 线圈通电，计算能耗制动时间。待时间继电器 KT 延时结束，KT 常闭触头断开，KM_3 线圈断电，其触头复位，切断能耗制动回路，KT 线圈也随即断电，表示制动过程结束。

三、实验设备

实验设备见表 2-17。

表 2-17　实验设备

序　号	代　号	名称及规格	数　量
1	M	三相交流异步电动机 0.5～2.2kW/380V	1
2	QS	组合开关 HZ10—25/3	1
3	FU_1	熔断器 RL_1—15/10	3
4	FU_2	熔断器 RL_1—15/4	2
5	KM_1	交流接触器 10A/380V	1
6	KM_2	反转用接触器 10A/380V	1
7	KM_3	制动用接触器 10A/380V	1
8	FR	热继电器，整定电流为 1.6～5A	1
9	KT	时间继电器 JS7—2A/380V/0～60s	1
10	SB_1、SB_2、SB_3	组合按钮 LA_4—3H	1
11		二极管 10A/500V	1
12	R	限流变阻器 100Ω/4A	1
13		万用表	1
14		端子排 20A/12 节	1
15		600mm×550mm 安装板或实训台网孔板	1
16		紧固件、导线、号码管、线槽	适量
17		常用电工工具	各 1

4．实验内容

（1）画出元器件安装布置图。

（2）用万用表检测电器元件的线圈和触点是否符合要求，并判断出二极管的极性。

（3）根据元器件安装布置图在安装板上安装元器件。元器件安装要求牢固、可靠。接触器要求垂直安装，其倾斜角应不超过 5°。

（4）将时间继电器整定为 2s，热继电器的整定电流值调整为电动机额定电

流的 1.1 倍为宜。

（5）按图接线。本实验采用线槽布线，应符合工艺要求，具体的布线工艺与实验十六相同。二次线采用 1.5mm² 单股铜芯线，端子排到按钮的连线采用 1.0mm² 多股铜芯软线。

（6）布线完毕，须用万用表电阻挡检查接线是否正确，经指导教师允许后方可通电实验。

通电实验操作程序：

① 开启电源开关 QS，用万用表检查电源电压是否正常。

② 按下正转启动按钮 SB₂，观察 KM₁ 是否可靠动作，如接线正确，电动机应正向启动运转。此时，同样用万用表检查联锁触头是否动作正常，并做好记录。

③ 按下反转启动按钮 SB₃，观察 KM₂ 是否可靠动作，如接线正确，电动机应由原来的正转变为反转。此时同样用万用表检查联锁触头是否动作正常，并做好记录。

④ 待正反转动作功能正常后，再按下停止按钮 SB₁，正反转接触器线圈断电，触头复位，制动接触器 KM₃ 线圈通电，KT 通电延时，能耗制动开始。此时，操作者应及时记录能耗制动起始时间，待电动机停稳，再记录制动结束时间，最后与 KT 的整定时间做比较；如 KT 时间整定不合理，还可进行适当调整，然后重试一次。

⑤ 断开直流回路，重新进行实验，观察并记录电动机的惯性停机时间。

⑥ 在通电实验过程中，如出现功能异常，应由实验者自行排除故障，再由指导教师设置一个故障让实验者排除。如一次通电成功，指导教师设置两个故障，由实验者排除。

⑦ 实验项目全部完成后，断开组合开关 QS，最后断开实验装置总电源。

5. 实验注意事项

（1）能耗制动限流变阻器开始电阻不能调太低，以免电流太大，烧坏电动机绕组。

（2）直接按反转按钮时，应事先用万用表认真检查按钮联锁回路的接线，确保联锁功能正常后才能直接按反转按钮，否则将会造成短路。

（3）严格遵守安全操作规程，切不可用手触及带电体，防止触电。

6．思考与练习

（1）标出能耗制动直流电流形成的回路，考虑一下将二极管反接，是否会改变制动效果。

（2）若把通电延时型时间继电器 KT 误装为断电延时型，实验时会出现什么现象？

（3）如何用万用表电压挡检查联锁回路是否接线正确？

（4）写出实验报告。

7．实验成绩评定

项目类别	配分	评分细则		扣分	得分
元件安装	10	1．元件布置不整齐、不合理每只扣 2 分 2．元件安装不牢固每只扣 1 分 3．损坏元件每只扣 3 分 4．熔断器倒装、熔芯配错每只扣 1 分			
布线	40	1．未画安装图扣 3 分 2．未套号码管或标注错误每处扣 0.5 分 3．接点松动、线头露铜超过 2mm、反圈、压绝缘层每处扣 1 分 4．一个接线点超过 2 根线每处扣 1 分 5．导线未进线槽每根扣 1 分 6．槽外导线交叉每根扣 1 分 7．按钮和电动机外连接线未从端子排过渡各扣 2 分 8．布线美观度不好扣 5～10 分			
实验过程	20	1．时间继电器整定值调整不合理扣 2 分 2．设置的故障不能排除扣 5 分 3．通电出现短路故障扣 2 分			
通电	30	一次通电不成功扣 10 分，以后每次通电不成功均扣 5 分			
安全文明操作		每违反一次扣 10 分			
实验配时	240min	每超过规定时间 5min 扣 5 分			
开始时间		结束时间	实际用时	成绩	

实验十八　他励直流电动机串电阻启动控制

1．实验目的

（1）进一步了解他励直流电动机、直流接触器的结构和原理。

（2）加深理解直流电动机的励磁方式及启动特点。

（3）掌握他励直流电动机串电阻启动控制电路的装接技能与调试方法，从而加深理解电路原理。

2．原理说明

直流电动机由于具有调速范围广而且平滑，能实现频繁的快速启动与制动及反转，有较强的耐冲击和过载能力等优点，虽然价格较高，但仍被广泛应用。直流电动机通常分为他励式和自励式两种。自励式又可分为串励、并励、复励几种。

直流电动机在启动瞬间，转速为 0，所以反电势为 0，即启动电流很大，通常可达到额定电流的 10～20 倍。因此，直流电动机除小功率电动机外，一般不允许直接启动。在实际应用中，应采取措施将启动电流限制在额定电流的 1.5～2.5 倍范围内。

直流电动机常用的启动方法有两种，一种是电枢回路串电阻启动，另一种是降低电源电压启动。串电阻启动所需设备简单，价格较低，但在启动过程中电阻上有能量损耗，尽管如此，中小容量的直流电动机串电阻启动方法还是应用较多。所谓电枢回路串电阻启动，就是在电枢回路的外接直流电源恒定不变的情况下，启动时电阻全部接入，而后再将串接电阻分段切除的启动方式。他励直流电动机串两级电阻启动控制电路图如图 2-20 所示。

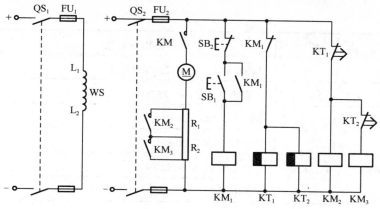

图 2-20 他励直流电动机串两级电阻启动控制电路图

电路动作过程如下。

合上励磁电源开关 QS_1 和电枢电源开关 QS_2，励磁绕组 L_1、L_2 通电励磁。同时，时间继电器 KT_1、KT_2 常闭触头瞬间断开，使得接触器 KM_2、KM_3 线圈断电，使并联在启动电阻 R_1、R_2 两端的 KM_2、KM_3 常开触头断开，从而保证 R_1、R_2 电阻在启动时全部接入电枢回路。再按下启动按钮 SB_1，接触器 KM_1 线圈通电，KM_1 常开触头闭合，实现自锁；KM_1 常闭触头断开，KT_1、KT_2 线圈断电，延时开始；KM_1 主触头闭合，直流电动机串两级电阻启动。由于 KT_1 的整定时间调得比 KT_2 短，所以启动一段时间后 KT_1 常闭触头先复位，则 KM_2 线圈通电，KM_2 主触头闭合，R_1 先被短接，电动机转速继续上升。再过一段时间，KT_2 延时结束，KT_2 常闭触头复位，KM_3 线圈通电，KM_3 主触头闭合，启动电阻 R_2 也被短接，电动机转速达到稳定，整个启动过程结束，进入全压运行状态。需要停机，则按下停止按钮 SB_2，KM_1 线圈断电，KM_1 主触头断开，电动机停转。同时，KM_1 常闭触头复位，KT_1、KT_2 又重新通电，其常闭触头断开，KM_2、KM_3 线圈断电，为下次启动做准备。

3. 实验设备

实验设备见表 2-18。

表 2-18 实验设备

序 号	代 号	名称及规格	数 量
1		直流电源 220V	1

续表

序　号	代　号	名称及规格	数　量
2	M	直流电动机　1kW/220V　他励式	1
3	QS$_1$、QS$_2$	电源开关　HZ10—25/2	2
4	FU$_1$	熔断器，熔芯 10A	2
5	FU$_2$	熔断器，熔芯 20A	2
6	KM$_1$、KM$_2$、KM$_3$	直流接触器　40A/220V	3
7	R$_1$	滑动电阻器　1A/300Ω	1
8	R$_2$	滑动电阻器　4A/100Ω	1
9	KT$_1$	时间继电器　断电延时 0～60s/220V	1
10	KT$_2$	时间继电器　断电延时 0～60s/220V	1
11	SB$_1$、SB$_2$	组合按钮　LA4—2H	1
12		端子排　20A/12 节	1
13		万用表	1
14		600mm×600mm 安装板或实训台网孔板	1
15		紧固件、导线、号码管	适量
16		常用电工工具	各 1

4．实验内容

（1）画出元器件安装布置图，并在原理图上标注电位号。

（2）用万用表检测电动机绕组，分辨出电枢绕组和励磁绕组及极性。另用万用表检查接触器、时间继电器等主要电器的线圈和触点是否符合要求。

（3）合理整定时间继电器，先将时间继电器 KT$_1$ 整定为 2s，KT$_2$ 整定为 4s。

（4）按图接线。布线应符合工艺要求，具体的安装接线工艺要求与实验十二相同。

（5）接线完毕，须用万用表电阻挡检查接线是否正确，经指导教师允许后方可通电实验。

通电实验操作程序：

① 先合上励磁电源开关 QS$_1$，调节 R$_1$ 使励磁电流为正常值，再合上电枢电源开关 QS$_2$，观察时间继电器 KT$_1$、KT$_2$ 常闭触头是否可靠瞬时断开，然后用万用表检查两个直流电源电压是否正常。

② 按下正转启动按钮 SB$_1$，观察直流接触器 KM$_1$ 是否可靠动作。此时，直流电动机应处于串电阻启动状态。

③ 观察时间继电器 KT$_1$、KT$_2$ 的延时时间。当 KT$_1$ 延时结束时，其常闭触头应及时复位，再观察 KM$_2$ 是否可靠通电动作。KM$_2$ 可靠动作，限流电阻 R$_1$ 就被短接。再过一段时间，KT$_2$ 延时结束，再观察 KM$_3$ 是否可靠动作，如动作正常，R$_2$ 就被短接，电动机就进入全压运行状态。

④ 按下停止按钮 SB$_2$，观察电动机和 KM$_1$ 是否可靠停止工作。当 KM$_1$ 线圈断电，触头复位时，KT$_1$、KT$_2$ 线圈第二次通电，其常闭触头又瞬间断开，为第二次串电阻启动做准备。

⑤ 以上实验过程功能正常，便可分别断开电枢电源开关 QS$_2$ 和励磁电源开关 QS$_1$。实验完毕，再断开电源总开关，切断实验电源。

5. 实验注意事项

（1）直流电动机绕组和各电器的线圈额定电压必须一致，否则电路就不能正常工作。

（2）限流电阻 R$_1$ 和 R$_2$ 的阻值不能弄错，否则影响限流效果。

（3）电动机绕组和电器线圈极性切勿弄错。

（4）严格遵守安全操作规程，防止触电事故发生。

6. 思考与练习

（1）哪些生产机械采用直流电动机拖动比较理想？

（2）直流电动机换向极主要起什么作用？

（3）直流电动机启动电流应限制在什么范围内较合适？

7. 实验成绩评定

项目类别	配分	评分细则	扣分	得分
元件安装	10	1. 元件布置不整齐、不合理每只扣 2 分 2. 元件安装不牢固每只扣 1 分 3. 损坏元件每只扣 3 分		

续表

项目类别	配分	评分细则	扣分	得分
布线	40	1．未画安装图、原理图上未标注电位号各扣 3 分 2．接点松动、线头露铜超过 2mm、反圈、压绝缘层每处扣 1 分 3．一个接线点超过 2 根线每处扣 1 分 4．导线交叉每根扣 1 分 5．按钮和电动机外连接线未从端子排过渡各扣 2 分 6．布线美观度不好扣 5～10 分		
实验过程	20	1．电动机和电器极性弄错每处扣 2 分 2．时间继电器整定不合理各扣 2 分 3．直流电源未测量或测量仪表使用方法不正确各扣 2 分 4．出现短路故障扣 2 分		
通电	30	一次通电不成功扣 10 分，以后每次通电不成功均扣 5 分		
安全文明操作		每违反一次扣 10 分		
实验配时	200min	每超过规定时间 5min 扣 5 分		
开始时间		结束时间　　　实际用时	成绩	

实验十九　他励直流电动机正反转控制

1．实验目的

（1）了解他励直流电动机的换向方法。

（2）掌握他励直流电动机控制电路的接线技能，提高电路检修能力。

2．原理说明

由于直流电动机的结构与交流电动机的结构差异较大，换向方法也与交流电动机不同。直流电动机常规的换向方法有两种：一是保持电枢两端的电压极性不变，将励磁绕组反接，使励磁电流方向改变，从而使磁通方向发生改变；二是保持励磁绕组两端的电压极性不变，将电枢绕组反接，使电枢电流反向，即转向发生改变。由于他励直流电动机的励磁绕组匝数多，电感大，励磁电流从

正向额定值到反向额定值的变化过程较长，反转的过程不能很快进行。另外，当励磁绕组断开时，如没有放电电阻，则磁通很快消失，在绕组中将会产生很高的感应电动势，可能会击穿励磁绕组的绝缘。因此，他励直流电动机多数采用改变电枢电压极性的方法来实现反转。他励直流电动机正反转控制电路图如图 2-21 所示。

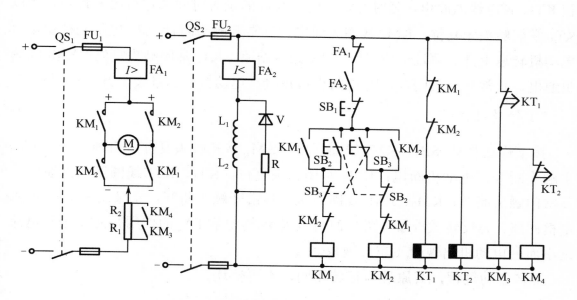

图 2-21　他励直流电动机正反转控制电路图

电路动作过程如下。

图 2-21 中 QS_1 是电枢电源开关，QS_2 是励磁电源开关；V 是续流二极管，R 是放电电阻，其作用是当励磁绕组断开电源时，使绕组两端的感应电动势构成一个放电回路。

FA_1 是过电流继电器，FA_2 是欠电流继电器，KM_1 是正转接触器，KM_2 是反转接触器，SB_2 是正转启动按钮，SB_3 是反转启动按钮，SB_1 是停止按钮，KT_1、KT_2 是断电延时型时间继电器。整个电路的动作过程分以下几步进行。

1）预启动过程

合上电源开关 QS_2、QS_1，KT_1、KT_2 线圈通电，其常闭触头瞬时断开；KM_3、KM_4 线圈断电，其常开触头断开，保证 R_1、R_2 电阻串入电枢回路。同时，欠电流继电器 FA_2 线圈正常通电，其常开触头闭合，为启动电路的接通做准备。

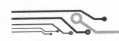

2）正转启动过程

按下正转启动按钮 SB$_2$，其常闭触头断开，实现联锁。其常开触头闭合，KM$_1$ 线圈通电，KM$_1$ 常开触头闭合，实现自锁；KM$_1$ 主触头闭合，电动机串 R$_1$、R$_2$ 两个电阻正转启动。同时，KM$_1$ 两个常闭触头断开，一个做双重联锁，另一个使 KT$_1$、KT$_2$ 线圈断电，延时开始。由于 KT$_1$ 的延时时间整定得比 KT$_2$ 短，所以 KT$_1$ 常闭触头先复位，KM$_3$ 线圈先通电，其常开触头闭合，R$_1$ 电阻先被短接，电动机转速上升。再过一段时间 KT2 延时结束，KT$_2$ 常闭触头复位，KM$_4$ 线圈也通电，其常开触头闭合，R$_2$ 电阻也被短接，电动机转速继续上升，直到稳定。

3）停转过程

按下停止按钮 SB$_1$，KM$_1$ 线圈断电，KM$_1$ 常开触头复位，自锁消失；KM$_1$ 主触头断开，电动机断电；KM$_1$ 常闭触头复位，KT$_1$、KT$_2$ 线圈第二次通电，其常闭触头断开，KM$_3$、KM$_4$ 线圈断电，其常开触头断开，又保证 R$_1$、R$_2$ 串入电枢回路，为反转做准备。图 2-21 中欠电流继电器 FA$_2$ 的作用是防止励磁电流过小而使电动机出现"飞车"现象。

反转启动过程，其原理与正转相同，不再赘述。

3．实验设备

实验设备见表 2-19。

表 2-19　实验设备

序号	代号	名称及规格	数量
1		直流电源 220V	1
2	<u>M</u>	直流电动机 1kW/220V 他励式	1
3	QS$_1$、QS$_2$	电源开关 HZ10—25/2	2
4	FU$_1$	熔断器，熔芯 10A	2
5	FU$_2$	熔断器，熔芯 20A	2
6	KM$_1$、KM$_2$、KM$_3$、KM$_4$	交流接触器 40A/220V	4
7	R$_1$	滑动电阻器 1A/300Ω	1
8	R$_2$	滑动电阻器 4A/100Ω	1

续表

序号	代号	名称及规格	数量
9	KT₁、KT₂	时间继电器 断电延时 0～60s/220V	2
10	SB₁、SB₂、SB₃	组合按钮 LA₄—3H	1
11	V	续流二极管	1
12	R	放电电阻	1
13		端子排 20A/18 节	1
14		万用表	1
15		600mm×600mm 安装板或实训台网孔板	1
16		紧固件、导线、号码管、线槽	适量
17		常用电工工具	各 1

4．实验内容

（1）画出元器件安装布置图，并在原理图上标注电位号。

（2）用万用表检测电动机绕组，分辨出电枢绕组和励磁绕组及极性，然后用万用表检查接触器、时间继电器的线圈和触点是否符合要求。

（3）用万用表检查续流二极管的极性和放电电阻的阻值，并将续流二极管的正极跟放电电阻的一端连接好。

（4）合理整定时间继电器，先将时间继电器 KT₁ 整定为 2s，KT₂ 整定为 4s。

（5）按图接线。布线应符合工艺要求，本实验采用线槽布线，具体的安装接线工艺要求与实验十六相同。

（6）接线完毕，先用万用表检查接线是否正确，经指导教师允许后方可通电实验。

通电实验操作程序：

① 合上励磁电源开关 QS₂、QS₁，观察欠电流继电器 FA₂，时间继电器 KT₁、KT₂ 是否动作。

② 用万用表检查直流电源电压是否符合要求，如不符合电动机要求，必须及时调整直流电源装置，待符合要求后才能进行实验。

③ 先按下正转启动按钮 SB₂，观察直流接触器 KM₁ 是否可靠动作，如动作正常，电动机应正向串电阻启动。由于 KM₁ 常闭触头断开，KT₁、KT₂ 线圈应断电。

④ 记录时间继电器 KT$_1$ 的延时时间，观察 KT$_1$ 常闭触头是否准时复位，R$_1$ 电阻是否及时被短接。然后记录 KT$_2$ 的延时时间，观察 KT$_2$ 常闭触头是否准时复位，R$_2$ 电阻是否及时被短接，电动机转速是否继续上升，并记下转速达到稳定的时间。

⑤ 停机过程操作：按下停止按钮 SB$_1$，观察电动机和 KM$_1$ 是否可靠断电停止工作。当 KM$_1$ 触头断电复位时，再仔细观察 KT$_1$、KT$_2$ 是否重新通电动作，KM$_3$、KM$_4$ 线圈是否可靠断电。当 KM$_3$、KM$_4$ 常开触头断电复位后，R$_1$、R$_2$ 电阻又被接入电枢绕组，为反转启动做准备。

⑥ 反转启动操作过程：按下反转按钮 SB$_3$，观察 KM$_2$ 是否可靠通电动作，KT$_1$、KT$_2$ 应重新开始断电延时，记下起始时间。由于 KM$_2$ 主触头闭合，电动机的电枢电流方向改变，所以电动机开始反向串电阻启动。再仔细观察并记录下 KT$_1$、KT$_2$ 的延时复位时间，检查 R$_1$、R$_2$ 电阻是否被正常短接，电动机转速变化是否正常。

⑦ 反转停机操作过程与正转停机相同，不再赘述。

⑧ 断开电源操作：先断开电枢电源开关 QS$_1$，再断开励磁电源开关 QS$_2$。在断开 QS$_2$ 的瞬间，用万用表测试励磁线圈两端的感应电动势变化情况，并观察其方向及消失时间，从而体验续流二极管和放电电阻在电路中的作用。

5．实验注意事项

（1）直流电动机和直流电器线圈额定电压应一致，并与电源电压相同，否则不能正常工作。

（2）限流电阻 R$_1$、R$_2$ 的阻值不能混淆，二极管的极性不能弄错。

（3）断开电动机电源开关时，应先断开电枢电源开关 QS$_1$，再断开励磁电源开关 QS$_2$，防止误操作造成"飞车"现象。

6．思考与练习

（1）欠电流继电器在什么情况下动作？什么情况下复位？励磁电流太低为什么会导致"飞车"现象发生？

（2）如果续流二极管的极性弄错，会有什么现象发生？

7．实验成绩评定

项目类别	配分	评分细则	扣分	得分
元件安装	10	1．元件布置不整齐、不合理每只扣 2 分 2．元件安装不牢固每只扣 1 分 3．损坏元件每只扣 3 分		
布线	40	1．未画安装图、原理图上未标注电位号各扣 3 分 2．接点松动、线头露铜超过 2mm、反圈、压绝缘层每处扣 1 分 3．一个接线点超过 2 根线每处扣 1 分 4．导线交叉每根扣 1 分 5．按钮和电动机外连接线未从端子排过渡各扣 2 分 6．导线未进入线槽每根扣 1 分 7．布线美观度不好扣 5～10 分		
实验过程	20	1．电动机和电器极性弄错每处扣 2 分 2．R_1、R_2 阻值弄错扣 2 分 3．时间继电器整定不合理各扣 2 分 4．过电流与欠电流继电器整定值未调合理各扣 2 分 5．出现短路故障扣 2 分		
通电	30	一次通电不成功扣 10 分，以后每次通电不成功均扣 5 分		
安全文明操作		每违反一次扣 10 分		
实验配时	240min	每超过规定时间 5min 扣 5 分		
开始时间		结束时间	实际用时	成绩

实验二十 串励直流电动机正反转控制

1．实验目的

（1）了解串励直流电动机的结构和特点。
（2）熟悉串励直流电动机的机械特性和使用场合。
（3）掌握串励直流电动机正反转控制电路的装接技能和实验方法。

2．原理说明

串励直流电动机的励磁绕组是和电枢绕组串联的，它的主要特点是机械特性比较软，即电动机转速随着负载转矩的增大而显著下降。在同样大的启动电流下，串励直流电动机的启动转矩要比他励直流电动机的启动转矩大得多，所以，它具有启动时间短、带负载能力强的优点。因此，在很多带大负载启动场合，如起重设备、电动机车、内燃机车等采用串励直流电动机比较理想。

串励直流电动机虽然励磁绕组和电枢绕组串联，但如果启动时不串入电阻，其启动电流还是过大。因此，串励直流电动机限制启动电流的措施还是在电枢回路里串接电阻。

串励直流电动机实现正反转控制的方法与他励直流电动机不同。由于串励直流电动机电枢绕组两端的电压很高，而励磁绕组两端的电压较低，反接比较容易，因此，串励直流电动机多数是采用改变励磁绕组的电流方向来实现正反转控制的。串励直流电动机正反转控制电路图如图 2-22 所示。

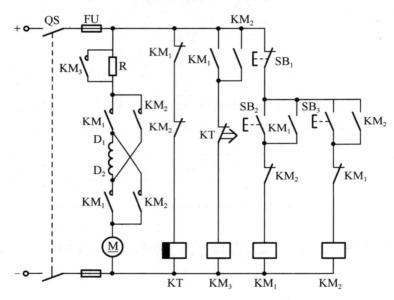

图 2-22　串励直流电动机正反转控制电路图

电路动作过程如下。

图 2-22 中 KM_1、KM_2、KM_3 是直流接触器，KT 是断电延时型时间继电器，R 是限流电阻器。QS 是电源开关，SB_2 是正转启动按钮，SB_3 是反转启动按钮，SB_1 是停止按钮。该电路正反转是通过改变励磁电流的方向来实现的。当 KM_1 主触头闭合时，励磁电流方向是从上至下，电动机正转。KM_1 断电，KM_2 主触头闭合，励磁电流方向是从下至上，电动机反转。其电路具体的动作过程如下所述。

（1）合上电源开关 QS，时间继电器 KT 线圈通电，其常闭触头断开，保证电阻 R 接入电动机绕组回路，限制启动电流。

（2）按下正转启动按钮 SB₂，KM₁ 线圈通电，KM₁ 第一对常闭触头断开，实现联锁；KM₁ 常开触头闭合，为 KM₃ 线圈通电做准备；KM₁ 主触头闭合，电动机串电阻正转启动。KM₁ 第二对常闭触头断开，KT 断电延时开始；KT 延时结束，KT 常闭触头复位，KM₃ 线圈通电，KM₃ 主触头闭合，电阻 R 被短接，电动机转速继续上升，最后达到稳定，维持正向运转。

（3）按下停止按钮 SB₁，KM₁ 线圈断电，KM₁ 主触头断开，切断电动机正向电源；KM₁ 常开触头复位，KM₃ 断电，为反转串电阻启动做准备；KM₁ 常闭触头复位，KT 线圈重新通电，KT 常闭触头又瞬时断开，为反转启动延时做准备。

（4）按下反转启动按钮 SB₃，KM₂ 通电，KM₂ 第一对常闭触头断开，实现联锁；KM₂ 常开触头闭合，为 KM₃ 通电做准备；KM₂ 主触头闭合，电动机励磁绕组电流方向与正转相反，电动机串电阻反向启动。KM₂ 第二对常闭触头断开，KT 断电延时开始；KT 延时结束，KT 常闭触头复位，KM₃ 线圈通电，KM₃ 主触头闭合，电阻 R 又被短接，电动机转速继续上升，最后达到稳定，维持反向运转。

反向停机仍按 SB₁ 即可，动作原理与正向停机相同，不再赘述。

3．实验设备

实验设备见表 2-20。

表 2-20　实验设备

序号	代号	名称及规格	数量
1		直流电源　220V	1
2	__M__	直流电动机　1kW/220V　串励式	1
3	QS	电源开关　HZ10—25/2	1
4	FU	熔断器，熔芯 20A	2
5	R	滑动变阻器　4A/100Ω	1
6	KM₁、KM₂、KM₃	直流接触器　40A/220V	3
7	KT	时间继电器　断电延时 0～60s/220V	1

续表

序号	代号	名称及规格	数量
8	SB_1、SB_2、SB_3	组合按钮 LA$_4$—3H	1
9		端子排 20A/12 节	1
10		600mm×600mm 安装板或实训台网孔板	1
11		万用表	1
12		紧固件、导线、号码管	适量
13		常用电工工具	各1

4．实验内容

（1）画出元器件安装布置图，并在原理图上标注电位号。

（2）用万用表检测电动机绕组的直流电阻，分辨出电枢绕组和励磁绕组及极性。

（3）用万用表检查接触器、时间继电器的线圈和触点，判断其是否符合要求。

（4）合理整定时间继电器的延时时间，将其整定为4s。

（5）按图接线。布线要符合工艺要求，具体的安装接线工艺要求与实验十二相同。

（6）接线完毕，先用万用表检查接线是否正确，经指导教师允许后方可通电实验。

通电实验操作程序：

① 合上电源开关 QS，观察时间继电器 KT 常闭触头是否可靠断开，再用万用表检查直流电源是否符合要求。

② 按下正转启动按钮 SB_2，观察 KM_1 接触器是否可靠动作，如动作正常，电动机应能串电阻正向启动，KT 线圈应断电，延时开始，及时记录其延时时间。

③ 延时结束，观察 KM_3 是否可靠通电动作，如动作正常，电阻被短接，电动机转速继续上升，最后达到稳定。

④ 当电动机正转速度达到稳定后，再用万用表测量励磁电压和电枢电压，并做记录。

⑤ 按下停止按钮 SB_1，观察 KM_1 是否可靠断电，KT 是否通电动作，如功

能正常，电动机应断电停止运转。

　　⑥ 按下反转按钮 SB₃，观察 KM₂ 是否可靠通电动作，电动机反向启动及运转功能是否正常。

　　⑦ 待反向启动及运转功能正常后，再按下停止按钮 SB₁，观察 KM₂ 是否可靠断电，KT 是否可靠通电动作；待电动机反向运转停止后，再断开电源开关 QS。

　　以上实验如有功能不正常，应由实验者自行检查，待排除故障后，再由指导教师设置一个故障让实验者排除。如所有功能一次通电成功，则由指导教师设置两个故障让实验者排除，锻炼实验者分析电路、排除故障的能力。

5．实验注意事项

（1）电动机电枢绕组极性与励磁绕组极性切勿弄错，保证两个绕组正向串联。

（2）接触器和时间继电器线圈额定电压必须与电源电压一致，而且极性不能弄错。

（3）严格遵守安全用电操作规程，防止触电事故发生。

6．思考与练习

（1）什么样的应用场合采用励磁绕组反接法改变电动机转动方向比较理想？

（2）为什么串励直流电动机与生产机械之间禁止使用皮带传动？

（3）写出实验报告。

7．实验成绩评定

项目类别	配分	评分细则	扣分	得分
元件安装	10	1．元件布置不整齐、不合理每只扣 2 分 2．元件安装不牢固每只扣 1 分 3．损坏元件每只扣 3 分		
布线	40	1．未画安装图、原理图上未标注电位号各扣 3 分 2．接点松动、线头露铜超过 2mm、反圈、压绝缘层每处扣 1 分 3．一个接线点超过 2 根线每处扣 1 分 4．导线交叉每根扣 1 分 5．按钮和电动机外连接线未从端子排过渡各扣 2 分 6．导线未进入线槽每根扣 1 分 7．布线美观度不好扣 5～10 分		

项目类别	配分	评分细则	扣分	得分
实验过程	20	1. 电动机绕组和电器线圈极性弄错每处扣 2 分 2. 时间继电器整定不合理各扣 2 分 3. 出现短路故障扣 2 分 4. 设置的故障未排除扣 5 分		
通电	30	一次通电不成功扣 10 分，以后每次通电不成功均扣 5 分		
安全文明操作		每违反一次扣 10 分		
实验配时	240min	每超过规定时间 5min 扣 5 分		
开始时间		结束时间	实际用时	成绩

实验二十一　串励直流电动机自励式能耗制动控制

1. 实验目的

（1）通过实验，加深理解串励直流电动机自励式能耗制动原理。

（2）掌握串励直流电动机自励式能耗制动控制电路的装接技能和调试方法。

2. 原理说明

串励直流电动机在实际应用中常常要采取制动措施才能满足生产要求。串励直流电动机制动有反接制动和能耗制动两种方式，而能耗制动又有自励式和他励式两种。由于自励式能耗制动不需要外加直流电源，因此得到广泛应用。

自励式能耗制动是将运行着的电动机电源切除后，再附串一个制动电阻，将励磁绕组和电枢绕组反向串联，构成一个制动回路。由于刚切断电源时，电动机在惯性作用下，处于自励发电状态，从而使流过电枢的电流方向改变，产生转矩的方向与转速的方向相反而实现制动。相关电动图如图 2-23 所示。

图 2-23 中 QS 是电源开关，KM_1 是正向运转控制接触器，KM_2 是能耗制动控制接触器，KT_1、KT_2 是时间继电器，KM_3、KM_4 是串电阻启动用接触器，SB_2 是启动按钮，SB_1 是停止按钮，R_1、R_2 是启动电阻，R_B 是制动电阻。

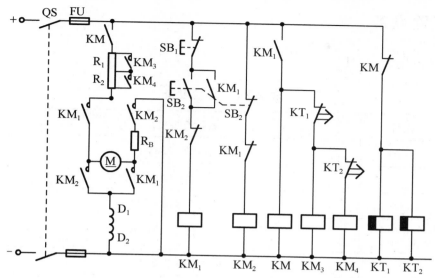

图 2-23　串励直流电动机自励式能耗制动控制电路图

该电路的动作过程如下。

合上电源开关 QS，时间继电器 KT_1、KT_2 线圈通电，其常闭触头瞬时断开，接触器 KM_3、KM_4 线圈断电，保证 R_1、R_2 串入电枢回路；同时 KM_2 线圈通电，其主触头闭合，使励磁绕组 D_1、D_2 形成放电闭合回路。

按下启动按钮 SB_2，其常闭触头断开，接触器 KM_2 线圈通电，其所有触头复位。同时，SB_2 常开触头闭合，正转接触器 KM_1 线圈通电，其常闭触头断开，实现联锁；KM_1 主触头闭合，R_1、R_2 被串入电枢回路。另外 KM_1 常开触头闭合，KM 线圈通电，KM 主触头闭合，电动机串电阻启动；同时，KM 常闭触头断开，KT_1、KT_2 线圈断电，延时开始。由于 KT_1 的延时时间调得比 KT_2 短，所以经过一段时间 KT_1 常闭触头先复位，KM_3 线圈先通电，KM_3 主触头闭合，则 R_1 先被短接，电动机转速继续上升；KT_2 延时结束，KM_4 线圈通电，其主触头闭合，R_2 也被短接，电动机转速继续上升，最后达到稳定则启动结束。

按下停止按钮 SB_1，KM_1 线圈断电，其主触头断开，同时电源接触器 KM 线圈断电，KM 主触头断开，主回路断电，电动机做惯性运转。KM_1 常闭触头复位，接触器 KM_2 线圈通电，其常闭触头断开，实现联锁；常开主触头闭合，使电动机电枢绕组连接制动电阻 R_B 后与其励磁绕组反向串联，组成闭合回路，实现自励式能耗制动。

3．实验设备

实验设备见表 2-21。

表 2-21　实验设备

序号	代号	名称及规格	数量
1		直流电源 220V	1
2	**M**	直流电动机 1kW/220V 串励式	1
3	QS	电源开关 HZ10—25/2	1
4	KM$_1$、KM$_2$、KM$_3$、KM$_4$	交流接触器 40A/220V	4
5	FU	熔断器，熔芯 20A	2
6	KT$_1$、KT$_2$	时间继电器 断电延时 0～60s/220V	2
7	R$_1$	滑动电阻器 1A/300Ω	1
8	R$_2$	滑动电阻器 4A/100Ω	1
9	R$_B$	制动电阻	1
10	SB$_1$、SB$_2$	组合按钮 LA$_4$—2H	1
11		端子排 20A/12 节	1
12		600mm×600mm 安装板或实训台网孔板	1
13		万用表	1
14		紧固件、导线、号码管、线槽	适量
15		常用电工工具	各1

4．实验内容

（1）画出元器件安装布置图，并在原理图上标注电位号。

（2）用万用表测量电动机绕组的直流电阻，分辨出电枢绕组和励磁绕组及极性。

（3）用万用表检测接触器、时间继电器的线圈和触点，判断其是否符合要求。

（4）合理整定时间继电器的延时时间，先将 KT$_1$ 整定为 2s，KT$_2$ 整定为 4s。

（5）将 R$_1$、R$_2$ 阻值调整到 70%，以后根据电动机启动情况进行微调。

（6）按图接线。本实验采用线槽配线，布线应符合工艺要求，具体的安装接线工艺要求与实验十六相同。

（7）接线完毕，先用万用表检查接线是否正确，经指导教师允许后方可通电实验。

通电实验操作程序：

① 合上电源开关 QS，观察 KM_2 接触器是否通电动作，KT_1、KT_2 应开始断电延时。

② 用万用表检查直流电源是否符合要求。

③ 按下启动按钮 SB_2，观察 KM_1 接触器是否可靠通电动作，KM_1 触头动作后，KM 接触器应随即通电动作，电动机开始串电阻启动；当 KM 常闭触头断开后，KT_1、KT_2 应开始断电延时。

④ 计算 KT_1 的延时时间，当 KT_1 延时结束时，观察 KM_3 是否可靠通电动作，如动作正常，R_1 电阻先被短接，电动机转速上升；再过 2s，KT_2 延时结束，观察 KM_4 是否可靠动作，如动作正常，R_2 电阻也被短接，电动机转速继续上升，最后达到稳定。

⑤ 按下停止按钮 SB_1，KM_1 线圈断电，观察 KM 是否可靠断电，电动机在切断电源后应做惯性运转；再观察 KT_1、KT_2 是否再次通电。

⑥ 观察制动接触器 KM_2 是否可靠动作，如动作正常，电动机应进行可靠的能耗制动。实验结束，断开电源开关 QS。

以上实验如有功能不正常，应由实验者自行排除故障。

5．实验注意事项

（1）限流电阻 R_1、R_2 阻值应调整合适，确保启动电流被限制在额定电流的 2.5 倍以内。

（2）电动机与直流电器线圈的额定电压必须与电源电压一致。

（3）电动机励磁绕组与电枢绕组极性切勿弄错，确保能耗制动时两个绕组构成反向串联。

（4）严格遵守安全用电操作规程，防止触电事故发生。

6．思考与练习

（1）自励式能耗制动有哪些优缺点？

（2）串励直流电动机有哪几种制动方法？采用能耗制动时，直流电动机处于什么状态？

7．实验成绩评定

项目类别	配分	评分细则	扣分	得分
元件安装	10	1．元件布置不整齐、不合理每只扣 2 分 2．元件安装不牢固每只扣 1 分 3．损坏元件每只扣 3 分		
布线	40	1．未画安装图、原理图上未标注电位号各扣 3 分 2．接点松动、线头露铜超过 2mm、反圈、压绝缘层每处扣 1 分 3．导线交叉每根扣 1 分 4．一个接线点超过 2 根线每处扣 1 分 5．导线未进入线槽每根扣 1 分 6．按钮和电动机外连接线未从端子排过渡各扣 2 分 7．布线美观度不好扣 5～10 分		
实验过程	20	1．电动机绕组极性弄错每处扣 2 分 2．R_1、R_2 阻值弄反扣 2 分 3．时间继电器整定不合理扣 2 分 4．出现短路故障扣 2 分		
通电	30	一次通电不成功扣 10 分，以后每次通电不成功均扣 5 分		
安全文明操作		每违反一次扣 10 分		
实验配时	240min	每超过规定时间 5min 扣 5 分		
开始时间		结束时间	实际用时	成绩

实验二十二　并励直流电动机电枢反接正反转控制

1．实验目的

（1）进一步了解直流电动机，以及直流接触器的结构和原理。

（2）加深理解并励直流电动机与串励直流电动机的特点，了解并励直流电

动机的换向方法及使用场合。

（3）掌握并励直流电动机正反转控制电路的装接与调试方法，进而加深理解电路原理。

2．原理说明

直流电动机具有调速范围广而且平滑，能实现频繁的快速启动与制动及反转，有较强的耐冲击和过载能力等优点，虽然价格较高，但仍被广泛应用。直流电动机通常分为他励式和自励式两种。自励式又可分为并励、串励、复励几种。并励直流电动机的励磁绕组与电枢绕组并联，其特点是励磁绕组匝数多，电感大，励磁电流比较小，很多大型机床常使用这种直流电动机。并励直流电动机由于励磁绕组电感较大，换接时会产生很高的感应电动势，容易击穿绕组绝缘。所以并励直流电动机要改变旋转方向，通常采取将电枢反接，改变电枢绕组电流方向的方法来完成。直流电动机一般不允许直接启动，须在电枢回路中串接一个电阻器，将启动电流限制在额定电流的两倍左右，启动后再将电阻切除。为防止励磁电流过小、电动机转速过高而产生"飞车"现象，须在励磁电路中设置欠电流保护。并励直流电动机电枢反接正反转控制电路图如图2-24所示。

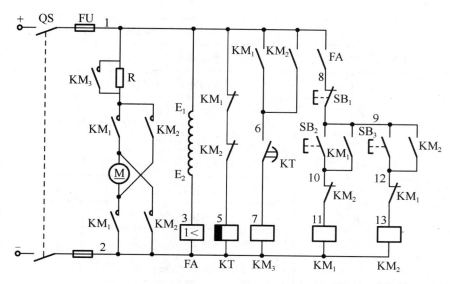

图 2-24　并励直流电动机电枢反接正反转控制电路图

其控制电路动作过程如下。

首先合上电源开关 QS，断电延时时间继电器 KT 线圈通电，KT 常闭触头断开，欠电流继电器 FA 常开触头闭合。启动时，按下正转启动按钮 SB$_2$，接触器 KM$_1$ 线圈通电，KM$_1$ 主触头闭合，电动机串电阻正向启动。同时 KM$_1$ 常闭、常开触头动作，分别实现联锁和自锁。KM$_1$ 另一对常闭触头也断开，时间继电器 KT 断电延时开始，待 KT 延时结束，KT 常闭触头复位，KM$_3$ 通电，KM$_3$ 主触头闭合，电阻 R 被短接，正向启动结束。

若要反转，必须先按下停止按钮 SB$_1$，KM$_1$、KM$_3$ 断电，所有电器触头恢复启动前状态。反转时只要按下反转启动按钮 SB$_3$ 即可，其动作原理与正转相同。励磁电流过小时，欠电流继电器 FA 常开触头断开，所有接触器断电，起到欠励磁保护作用。

3. 实验设备

实验设备见表 2-22。

表 2-22　实验设备

序　号	代　号	名称及规格	数　量
1		直流电源 220V	1
2		直流电动机 1～2kW	1
3	KM$_1$、KM$_2$、KM$_3$	直流接触器 40A/220V	3
4	KT	时间继电器 60s/220V	1
5	FA	欠电流继电器	1
6	FU	熔断器，熔芯 20～30A	2
7	SB$_1$、SB$_2$、SB$_3$	按钮 LA18—22	3
8	QS	电源开关 25A	1
9	R	限流电阻器	1
10		端子排 20A/12 节	1
11		安装板 600mm×600mm	1
12		万用表	1
13		常用接线工具	各 1

4．实验内容

（1）设计元器件安装图。

（2）根据安装图在安装板上安装元器件。

（3）合理调整时间继电器、欠电流继电器的整定值。

（4）按图 2-24 接线。布线应符合工艺要求，具体的安装接线工艺要求与实验十二相同。

（5）接完线须用万用表检查接线是否正确，并经指导教师同意后方可按以下程序进行通电实验。

① 合上电源开关 QS，并用万用表检查电压是否符合要求。

② 按正转启动按钮 SB$_2$，观察电动机的转动方向与直流接触器、时间继电器的动作情况，并关注 KT 的延时时间。

③ 按停止按钮 SB$_1$，观察电动机和相关电器是否可靠停止工作。

④ 按反转启动按钮 SB$_3$，电动机应反向启动。观察电动机的转向及接触器与时间继电器的动作情况。

⑤ 直接按正转按钮 SB$_2$，观察有何情况发生。此时，由于存在联锁功能，直接按 SB$_2$ 应该无任何反应，否则应及时停电，排除故障。

⑥ 按停止按钮 SB$_1$，断开电动机和所有电器的电源。实验完毕，再断开电源开关 QS，切断实验电源。

5．实验注意事项

（1）直流电动机和各电器的线圈额定工作电压必须一致，否则电路就不能正常工作。各电器的额定电流应配套适中。

（2）欠励磁保护回路的连接线路要绝对可靠，以防止"飞车"事故发生。

（3）该电路的装接必须注意电动机电枢和各电器线圈的极性，防止错接而造成电路失控现象发生。

（4）严格遵守用电规程，谨慎操作，确保人身安全。

6．思考与练习

（1）直流电动机的转速与哪些因素有关？为什么励磁电流过小会产生"飞

车"现象？

（2）什么是电动机的机械特性？并励电动机与串励电动机的机械特性有什么区别？

（3）总结实验过程，写出实验报告。

7．实验成绩评定

项目类别	配分	评分细则		扣分	得分
元件安装	10	1．元件布置不整齐、不合理每只扣 1 分 2．元件安装不牢固每只扣 1 分 3．损坏元件每只扣 3 分			
布线	40	1．接点松动、线头露铜超过 2mm、反圈、压绝缘层每处扣 1 分 2．要求套线号管的未套或套错每处扣 0.5 分 3．一个接线点超过 2 根线每处扣 1 分 4．导线交叉每根扣 1 分 5．按钮外连接线未从端子排过渡各扣 2 分 6．布线美观度不好扣 5～10 分			
实验过程	20	1．未绘制元件安装图扣 2 分 2．时间继电器、欠电流继电器整定不合理各扣 2 分 3．直流电动机的电枢极性与电器线圈的极性连接错误扣 5 分 4．实验操作顺序不正确扣 2 分			
通电	30	一次通电不成功扣 10 分，以后每次通电不成功均扣 5 分			
安全文明操作		每违反一次扣 10 分			
实验配时	240min	每超过规定时间 5min 扣 5 分			
开始时间		结束时间	实际用时	成绩	

安全用电基本知识

众所周知，电能的合理应用会给人类造福，但用电不合理将会给人类带来灾难。每年世界各国触电伤亡人数都是一个很惊人的数字。因此，从事电工作业的人员掌握安全用电基本知识尤为重要。

第一节　触电的种类和方式

1. 人体触电的种类

人体是一个导体，当流过人体的电流超过 30mA 时，就会使人受到不同程度的伤害。但触电的种类不同，人受到的伤害也不一样。人体触电的种类有电击和电伤两大类。

1）电击

电击是人体接触带电体后，电流流过人体内部对人体造成的生理机能的伤害。轻者，可使肌肉抽搐、发热、发麻、神经麻痹等；重者，将引起昏迷、窒息，甚至心脏停止跳动、血液循环中止而死亡。通常的触电伤亡大部分是由电击造成的。

2）电伤

电伤主要是由电流的热效应、化学效应、机械效应以及电流本身作用造成的人体外伤，常见的有灼伤和烙伤等。

2．人体触电方式

1）单相触电

所谓单相触电就是人体的一部分接触带电体时，另一部分与大地或零线相接，电流从带电体流经人体到大地或零线形成回路的触电。人体电阻一般为1～2kΩ，加220V电压后将产生大于100mA的电流。由于该电流远大于安全电流30mA，因此单相触电是很危险的。但人若站在干燥的绝缘物体上单手操作，就可以避免这种触电危险。例如，人站在一块绝缘电阻为1MΩ的木板上，此时，即使有220V电压加到人体上，电流也仅为0.22mA左右，因此是安全的；反之，若脚下潮湿，绝缘性能下降，就会产生触电危险。

2）两相触电

人体的不同部位同时接触两相电源带电体所引起的触电称为两相触电。此时，人体承受的电压是380V，比单相触电时的220V电压要高，危险更大。

3）跨步电压触电

当高压线断落到地面时，会在导线接地点周围形成强电场，其电位分布以接地点为圆心向周围扩散。其中接地点电位最高，距离越远，电位越低。当人跨进这个区域时，两脚跨步之间将存在一个跨步电压，从而导致人产生跨步电压触电。若误入这种电场圈，应尽量单脚或双脚并拢跳出电场圈。

4）悬浮电路触电

当220V的交流电通过变压器的一次绕组时，与一次绕组相隔的二次绕组上将产生感应电动势，该电动势相对大地处于悬浮状态。此时，如果人接触绕组的一端，不会构成回路，也就不会触电；但如果人体接触绕组的两端，就会造成触电。该类触电称为悬浮电路触电。

另外，还有一些电子电器的金属底板往往是悬浮电路的公共接地点，在维修时，若一手接触高电位端，另一手接触金属底板，只要高低电位差超过安全电压就会造成悬浮电路触电。因此，在检修时应尽量养成单手操作的习惯。

3．思考与练习

（1）人体触电有哪几种类型？电伤是怎么引起的？

（2）人体触电方式有哪几种？

（3）如何脱离跨步电压触电危险区？

（4）人体电阻大约是多少欧姆？一般情况下人体的允许电流为多少毫安？

（5）悬浮电路是怎么形成的？检修电子电器为什么要养成单手操作的习惯？

第二节　安全防护措施

1．预防直接触电的措施

单相触电和两相触电都属于直接触电。触电伤亡事故大多由直接触电引起，因此对直接触电的预防必须采取可靠、有效的措施。

1）绝缘措施

所谓绝缘措施就是用绝缘材料将带电体封闭起来的措施。良好的绝缘是防止触电事故的重要措施，同时也是保证电气设备和线路正常运行的必要条件。根据绝缘材料的不同，可分为气体绝缘、液体绝缘和固体绝缘。高压线在空中裸线架设，绝缘材料为气体；三相油冷式电力变压器中注满了变压器油，其绝缘材料为液体；电线电缆和各种低压电器，其绝缘材料为固体。

绝缘材料的选用必须与电气设备的工作电压、工作环境和运行条件相适应。常用的绝缘材料主要有玻璃、云母、胶木、塑料、木材、瓷、纸、矿物油等，它们的电阻率一般都在 $10^8\Omega \cdot m$ 以上，但有很多绝缘材料如果受潮，会使绝缘性能降低或丧失。绝缘材料的绝缘性能通常用绝缘电阻表示。不同的设备或电路对绝缘电阻的要求也不一样，但绝缘电阻有两个很重要的数据必须牢记，即新装或大修后的低压设备和线路的绝缘电阻在任何情况下都不应低于 $0.5M\Omega$，携带式电气设备的绝缘电阻应不低于 $2M\Omega$。

2）屏护措施

所谓屏护措施就是采用屏护装置将带电体与外界隔绝开来的措施。常用的屏护装置有栅栏、遮栏、护罩、护盖等。如电器的绝缘外壳、变压器的遮栏、金属网罩、金属外壳等都属于屏护装置。但必须注意的是，凡是金属材料制作的屏护装置都应妥善接地或接零。栅栏等屏护装置上应有明显的标志，如"止步"、"高压危险"等。

3）间距措施

间距措施就是带电体与地面之间、带电体与带电体之间、带电体与其他设备之间，均应保持一定的安全距离。如导线与建筑场的最小距离，当线路电压在 1000V 以下时，其垂直距离应不小于 2.5m，水平距离应不小于 1m；当线路电压在 10kV 时，其垂直距离应不小于 3m，水平距离应不小于 1.5m。可见，安全间距的大小与电压的高低、设备的类型、安装的方式等因素有关。

2. 预防间接触电的措施

1）加强绝缘措施

有很多电气线路或设备，为了加强绝缘性能，采用双重绝缘。采用加强绝缘措施的线路或设备，绝缘牢固，不容易损坏，即使工作中绝缘损坏，还有一层加强绝缘，不至于基本绝缘损坏后引起触电事故发生。常用的二类手持电动工具就是采用双重绝缘的用电设备。

2）电气隔离措施

电气隔离就是采用隔离变压器，使电气线路和设备处于悬浮状态，从而降低触电的概率。

隔离变压器就是一种变比为 1 的变压器。该变压器一次侧线圈与二次侧线圈之间、线圈和外壳之间都具有良好的绝缘。电气隔离的实质就是将接地电网转换成小范围的不接地电网，如图 3-1 所示。

图 3-1 中隔离变压器的一次侧（L、N 端）接在市用电网上，二次侧（a、b端）供给小容量的电气设备。若甲、乙二人的一只手都接触到变压器的带电绕组，下面分析一下二人的安全情况。甲由于接触到电源的相线 L，且站在地上，

零线 N 在电源端已经接地，所以此时甲就承受了相电压 220V，必然造成触电。而乙则不同，由于 b 端未接地，尽管 a、b 二端照样有 220V 电压输出，但乙却没有承受 220V 相电压，流过乙的电流也只是对地绝缘电阻和分布电容构成的回路电流，而该电流是很小的，所以乙就不会触电。

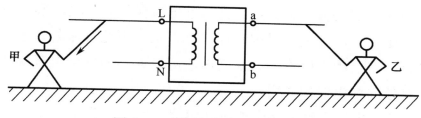

图 3-1　电气隔离的安全原理图

但是如果隔离变压器二次侧接地，情况就不同了，如图 3-2 所示。

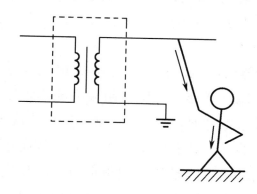

图 3-2　隔离变压器二次侧接地的危险示意图

隔离变压器二次侧接地时，人一只手接触到非接地的变压器二次侧，同样会造成触电。因此，隔离变压器在使用时，必须保持独立，二次侧切不可接地。只要正确使用隔离变压器，即可大幅度减少触电的危险性。

在选用隔离变压器时，应牢记：隔离变压器必须是具有加强绝缘的结构，其温升和绝缘电阻必须符合安全隔离变压器条件，且单相安全隔离变压器额定容量不超过 10kVA，三相安全隔离变压器额定容量不超过 16kVA，而被隔离回路的电压不超过 500V。

3）自动断电措施

所谓自动断电措施就是在带电线路和设备上发生触电事故或者其他电气事故时，在规定时间内能自动切断电源起到保护作用的措施。在电气技术中，常

用的漏电保护、过流保护、短路保护、过压或欠压保护等都属于自动断电措施。

（1）漏电保护。

① 漏电保护器原理。

漏电保护器又称漏电开关，是漏电保护的基本元件，具有单相、三相之分。单相漏电保护器大部分属于电流型。其与过电流保护元件的区别，主要是单相接地故障有时比较小，过电流保护元件难以识别，不能可靠断开电源；而漏电保护器可以合理整定动作电流，只要漏电流超过人体的安全电流就动作，切断电源，起到有效的漏电保护作用。

漏电保护器的检测元件是零序电流互感器。因此，漏电保护器在安装接线时，不管是单相还是三相的，都一定要把零线 N 可靠接入漏电保护器内。单相漏电保护器如果某处有漏电现象发生，则流过相线和 N 线的电流就不相等，检测元件就能检测到剩余电流，将信号进行放大、比较，再通过执行元件驱动开关跳闸。

三相四线漏电保护器内部也同样有一个零序电流互感器，只要接线正确，在电路正常时，零序电流互感器二次侧绕组没有输出，断路器不跳闸；当发生漏电故障或操作者触及带电体时，由于主电路中三相四线电流的相量和不为零，所以在零序电流互感器的环形铁芯中就产生磁通，从而在零序电流互感器二次侧绕组中产生感应电压，当故障电流达到预定值时，二次侧绕组中感应电压使脱扣器线圈励磁，驱动主开关跳闸，起到漏电保护作用。

从漏电保护器原理可知，不管是单相还是三相漏电保护器，在安装接线时，都必须把零线 N 可靠接入漏电保护器内，否则即使出现严重漏电故障，保护器也不会可靠动作。

② 漏电保护器动作电流的选取。

合理整定漏电保护器的动作电流，是减少触电伤害的重要措施之一。漏电保护器动作电流根据其使用环境的不同而各有差异。

● 手握式用电设备为 15mA。

● 恶劣环境或潮湿场所的用电设备为 6～10mA。

● 建筑施工工地的用电设备为 15～30mA。

● 医疗电气设备为 6mA。

● 家用电器回路为 30mA。

- 成套开关柜、分配电屏等为 100mA 及以上。
- 防止电器火灾为 300mA。

其中 30mA 及以下的属于高灵敏度,主要用于防止各种人体触电事故;30mA 以上、1000mA 以下的属于中灵敏度,主要用于防止触电事故及漏电火灾;1000mA 以上的属于低灵敏度,主要用于防止漏电火灾和监视一相接地事故。

③ 漏电保护器使用注意事项。

安装前必须仔细检查漏电保护器的额定电压、额定电流、漏电动作电流、漏电动作时间等是否符合要求,且接线时须分清相线和零线,严格按图正确接线。

对带有短路保护的漏电保护器,在分断短路电流时,位于电源侧的排气孔有电弧喷出,故应在安装时保证电弧喷出方向有足够的飞弧距离。

漏电保护器应尽量远离其他铁磁体和电流很大的载流导体。

漏电保护器后面的工作零线不能重复接地。

工作零线不能就近接线,单相负荷不能在漏电保护器两端跨越。

漏电保护器安装后应进行试验。其中,用试验按钮试验 3 次均应正确动作;带负荷开关试验 3 次不应误动作;每相分别用 4kΩ 试验电阻接地试跳,应可靠动作。

运行中的漏电保护器,电工每月至少应对保护器用试验按钮试跳一次,雷雨季节须增加试验次数,停用的保护器使用前应试验一次。

严禁私自拆除保护器或强迫送电。

(2)过载和短路保护。

过载和短路保护是自动断电的主要措施。过载保护主要由热继电器、过电流继电器、自动开关来实现。短路保护主要由熔断器、断路器来完成。要实现理想的自动断电保护功能,关键是合理选择电器的动作电流值。如何选择整定值,已在第一章中做了说明,这里不再赘述。

3.安全电压的合理选取

安全电压又叫安全特低电压。根据欧姆定律,只要把加在人体上的电压限制在某一范围内,就可以确保在这种电压下,流过人体的电流不超过允许的范围。但必须注意的是不要把安全电压当成绝对没有危险的电压。

1）安全电压限值

所谓安全电压限值就是在任何运行状态下，允许两个可同时触及的可导电部分间存在的最高电压值。我国标准规定，安全电压限值为工频有效值 50V，直流电压的限值为 120V。该限值是根据人体允许电流 30mA 和人体电阻 1700Ω 左右的条件确定的。

2）安全电压额定值

我国相关标准规定，安全电压工频有效值的额定值有 42V、36V、24V、12V、6V。环境不同，选择的安全电压额定值也不同。在特别危险的环境中使用的手持电动工具应采用 42V 安全电压，一般的生产车间应选用 36V 安全电压，在有电击危险的环境中使用的手持照明灯应采用 12V 安全电压，水下作业等场所应采用 6V 安全电压。当电气设备采用 24V 以上安全电压时，必须采取针对直接接触电击的防护措施。

4．绝缘安全用具及其使用

绝缘安全用具分为基本安全用具和辅助安全用具两大类。高压设备的基本安全用具有绝缘棒、绝缘钳和高压验电器等。低压设备的基本安全用具有绝缘手套、绝缘鞋、验电笔等。辅助安全用具只能起加强基本安全用具绝缘的作用。

1）绝缘棒

绝缘棒俗称令克棒，一般用电木、胶木、塑料、环氧玻璃布棒或布管制成。其结构分为工作部分、绝缘部分和手握部分。

绝缘棒主要用于操作高压隔离开关和跌落式熔断器的分合、安装和拆除临时接地线、放电操作等各项作业。

绝缘棒在使用前必须认真检查外观，表面不得有机械损伤，其型号规格必须符合规定要求。在操作时，应戴上相应电压等级的绝缘手套，穿上相应电压等级的绝缘靴；使用时应准确、低速、有力，尽量减少与高压接触的时间，还应有专人监护。绝缘棒还应按规定进行定期绝缘试验。

2）绝缘夹钳

绝缘夹钳是用电木、胶木或用亚麻仁油浸煮过的木材制成的。该工具是在

带电情况下用来安装或拆卸高压熔断器或执行其他类似工作的绝缘安全器具。其使用注意事项与绝缘棒相同。但在 35kV 以上的电力系统中，一般不使用绝缘夹钳。

3）验电器

验电器是一种直观确定设备是否带电的便携式指示仪器，分为高压验电器和低压验电器两种。

（1）高压验电器。

高压验电器是检测 6～35kV 网络中的配电设备、架空线路及电缆等是否带电的专用仪器，分为发光型、声光型、数显型、风车式几类。

使用高压验电器之前应将验电器在确有电源处测试，证明验电器工作良好，方可使用。使用时，注意手握部分不得超过隔离环，逐渐靠近被测物体直到氖灯亮，只有氖灯不亮时才可与被测物直接接触。如在室外使用验电器，必须在气候条件良好的情况下进行。在雨、雪、雾及湿度较大的情况下，不宜使用高压验电器。

（2）低压验电器。

低压验电器就是我们常用的电笔。它由触头、碳精电阻、氖泡、弹簧及绝缘外套组成。电笔只能在 380V 及以下的电压系统和设备上使用。使用时根据氖灯发光的亮度判断被试电压的高低。电压越高，发光越亮，反之越暗。利用验电笔可以区别相线与零线、直流电正负极等。还可以利用验电笔来判断相线碰壳、相线接地、相间短路和线路接触不良等电气故障。

4）绝缘手套和绝缘靴（鞋）

（1）绝缘手套。

绝缘手套是用绝缘性能良好的橡胶和乳胶制成的，具有足够的绝缘强度和机械性能。它主要用于防止人手触及同一电位带电体或同时触及不同电位带电体而触电。

绝缘手套的规格有 12kV 和 5kV 两种。12kV 绝缘手套最高试验电压达 12kV，在 1kV 以上的高压区作业时，只能用做辅助安全工具，不得接触有电设备；在 1kV 以下的电压区作业时，可用做基本安全用具，即戴手套后，两手可以接触 1kV 以下的有电设备（人体其他部分除外）。5kV 绝缘手套，适用于操作电力工

业、工矿企业和农村一般低压电气设备。在 1kV 以下的电压区作业时，它只用做辅助安全用具；但在 250V 以下的电压区作业时，可作为基本安全用具；而在 1kV 以上的电压区严禁使用这种绝缘手套。

（2）绝缘靴（鞋）。

绝缘靴（鞋）的作用是使人体与地面绝缘，防止试验电压范围内的跨步电压触电。绝缘靴（鞋）只能作为辅助安全用具。

常用的绝缘靴（鞋）有 20kV 绝缘短靴、6kV 矿用长筒靴和 5kV 绝缘鞋。20kV 绝缘短靴的绝缘性能强，在 1～220kV 高压区内可作为辅助安全工具，不能触及高压体；在 1kV 以下的电压区可作为基本安全用具，但穿靴后人体各个部分不得触及带电体。

6kV 绝缘长筒靴适用于井下采矿作业，在操作 380V 及以下电压的电气设备时，可作为辅助安全用具，特别是在作业面潮湿或有积水，电气设备容易漏电的情况下，可用绝缘长筒靴来防止脚下意外触电事故。

5kV 绝缘鞋也称电工鞋，单鞋有高腰式和低腰式两种，棉鞋有胶鞋式和活帮式两种。按全国统一鞋号，规格有 22 号（35 码）至 28 号（45 码）。5kV 绝缘鞋适合电工穿用，在电压 1kV 以下作为辅助安全用具，1kV 以上禁止使用。

5．思考与练习

（1）直接触电与间接触电有什么区别？
（2）在日常用电中，常采用哪些预防触电的措施？
（3）电气隔离的实质是什么？
（4）电气隔离应满足哪些安全条件？
（5）家用漏电保护器的整定电流应为多少毫安？

第三节　接地与接零保护

防止电气设备外壳带电而造成触电伤害的有效措施是采用接地保护与接零保护。我国低压配电系统按电源（电力变压器低压绕组）的中性点是否接地，以及用电设备外露的可导电部分与大地如何连接，分为 IT 系统、TN 系统与 TT 系统。不同的系统采用不同的保护类型。IT 系统为保护接地。TN 系统为保护接零。TT 系统是保护接地与保护接零混用的系统，该系统存在安全隐患，一般不提倡使用。

1. 保护接地（IT 系统）

1）IT 系统的安全防护原理

IT 系统中电源（电力变压器低压绕组）中性点不接地，设备外露可导电部分在设备安装处直接接地，如图 3-3 所示。

在图 3-3 中电气设备如果未采取保护接地安全措施，当有一相发生碰壳事故时，人若接触外壳，则流经人体的对地电容电流会远远超过安全电流，必然造成触电伤亡事故。但如果电气设备采用了保护接地措施，当一相电源由于绝缘损坏而碰壳时，工作人员触及带电的设备外壳，因人体的电阻远大于接地极的电阻，大部分电流是流入接地极的，而通过人体的电流是极其微小的，从而保证了人身的安全。

所以保护接地的原理就是给人体并联一个小电阻，以保证发生外壳带电故障时，减小通过人体的电流和承受的电压。

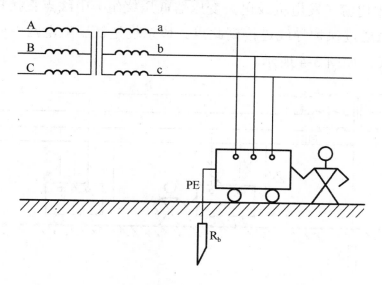

图 3-3　IT 系统安全防护原理图

2）IT 系统的接地电阻允许值

当 IT 系统的设备漏电时，通过人体的电流取决于两个因素：第一个是配电

电网对地电容电流，第二个是接地电阻。

由于低压配电电网分布电容较小，因此，只要接地电阻选取合适，就能将通过人体的电流限制在安全电流范围以内。实践证明：电源容量在 100kVA 以上，保护接地电阻不超过 4Ω；电源容量在 100kVA 以下，保护接地电阻不超过 10Ω，就能符合安全要求。

3）IT 系统的运行特点

（1）当发生一相接地故障时，接地点电流为非接地的两相线路对地电容电流之和，过电流保护装置不动作。

（2）当系统发生单相接地故障时，系统的三个线电压不变，不影响三相设备的正常运行。

（3）IT 系统一般不引中性线。

2．保护接零（TN 系统）

1）TN 系统的安全防护原理

TN 系统中电源（发电机或电力变压器低压绕组）中线点直接接地，负载设备的金属外壳通过保护导线连接到此点。该系统是低压配电网中应用最多的配电及防护方式，如图 3-4 所示。

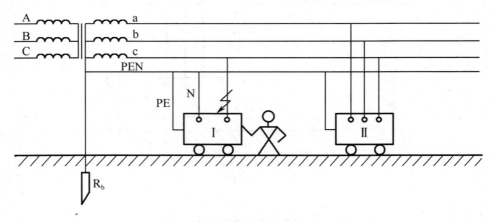

图 3-4　TN 系统的安全防护原理图

图 3-4 所示的是 TN 系统中的一种典型系统，称为 TN-C 系统。其特点是保护线 PE 与中性线 N 共用一根线（称为 PEN 线），该线兼有 PE 线与 N 线双重

作用。该系统实际上就是保护接零的三相四线制。还有一种是保护线 PE 和中性线 N 完全分开，称为 TN-S 系统，也叫三相五线制。对于安全要求较高的场所，如居民生活区、建筑工地等，采用 TN-S 系统供电比较好。而对于安全条件较好的场所，采用 TN-C 系统供电比较理想。其实保护接零的原理就是人为制作一条短路回路，一但设备外壳出现碰相事故，可直接通过保护零线形成短路，过大的短路电流会使相线上的熔断器熔断或自动开关跳闸，切断供电电源。因此，TN 系统必须有可靠的短路保护元件与之配合使用，才能起到有效的接零保护作用。

2）TN 系统的 PE 线或 PEN 线断线的危险性

TN 系统中的 PE 和 PEN 保护线是非常重要的，一旦断开，则后果是很严重的（如图 3-5 所示）。

从图 3-5 可知，一旦 PE 线断开，设备漏电就无法形成单相短路回路，保护装置不会动作；而且只要有一台设备漏电，就会造成后面的设备外壳都带电，因此是非常危险的，必须采取安全防范措施。

3）重复接地

为了防止以上危险事态发生或发展，重复接地是一种有效的安全防范措施。重复接地就是将 PE 线或 PEN 线通过接地装置与大地再次连接。它是 TN 系统不可缺少的安全措施，其作用有以下几点。

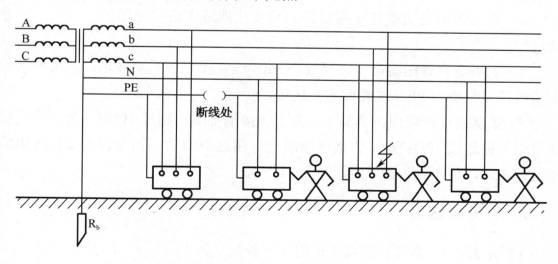

图 3-5　PE 线断线危险示意图

（1）由于并联了接地电阻，从而降低了故障持续时间内漏电设备外壳的对地电压。

（2）减少了 PE 线或 PEN 线断线的危险。

（3）使得单相接地故障电流增大，提高了保护装置的灵敏度。

（4）改善了架空线路的防雷性能。

重复接地的安全作用示意图如图 3-6 所示。

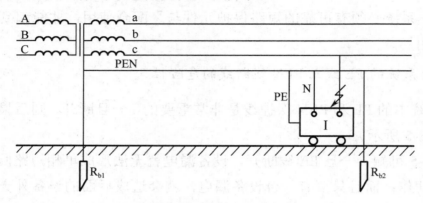

图 3-6　重复接地的安全作用示意图

重复接地时，有几个注意事项必须谨记：

（1）TN-S 系统的 N 线不能重复接地，否则可能造成漏电保护器误动作。

（2）架空线路的重复接地宜在干线和分支终端、沿线路每 1km 处、分支线长度超过 200m 分支处进行。

（3）引入车间及大型建筑物线路的重复接地应在进户处即第一台配电装置处进行。

（4）采用金属管配线时，金属管与 PEN 线连接后做重复接地；采用塑料管配线时，另行敷设 PEN 线并做重复接地。

（5）重复接地电阻应符合要求：当工作接地电阻不超过 4Ω 时，每处重复接地电阻不得超过 10Ω；当工作接地电阻允许超过 10Ω 时，则允许重复接地电阻不超过 30Ω，但不得少于 3 处。

3．思考与练习

（1）什么叫 IT 系统？该系统适用于何种配电网？

（2）什么叫 TN 系统？该系统有哪几种类型？

（3）工作接地与保护接地有什么区别？

（4）保护接地措施对电阻值有哪些要求？

（5）什么叫重复接地？重复接地在什么情况下采用？

第四节 触电急救

遵守安全用电规程，可以大量减少触电事故，但不可能绝对避免。所以一旦出现触电现象，应及时做好急救工作。

1. 触电的现场抢救

1）使触电者尽快脱离电源

发现有人触电，首先应尽快使触电者脱离电源。脱离电源要根据触电现场的不同情况，采用不同的方法进行。

（1）迅速关断电源，将触电者从触电处移开。如无法关闭电源开关，但旁边有干燥的木板，可以站在木板上拉着触电者衣服将其脱离电源，但不可碰及触电者皮肤。

（2）用干燥的木棒、竹竿和其他绝缘棒将电线从触电者身上挑开。还可在地面与人体之间塞入一块木板临时隔离电源，再设法拉闸。

（3）救护者身边如有带绝缘柄的刀斧，可以从电源的来电方向将电线砍断。

（4）如救护者身边有绝缘导线，可先将一端接地，另一端接到触电者接触的带电体上，人为造成短路，使熔断器熔断或开关跳闸。

以上措施只适用于低压触电，如出现高压触电，应立即通知有关部门停电，再按高压触电施救方法进行急救。

2）根据不同情况对症救护

（1）如触电者神志清醒，只是感觉头昏、心悸、出冷汗、恶心，应让其静卧休息，减轻心脏负担。

（2）如触电者神志不清，曾一度昏迷，但已清醒过来，应使触电者静卧休息，不要走动，严密观察，并请医生诊治或送医院治疗。

（3）如触电者已失去知觉，但呼吸和心跳尚存，应先使触电者在通风凉爽的地方平卧，可解开衣服以利呼吸，并速请医生或送医院救治。如发现触电者出现痉挛、呼吸困难，应高度警觉，做好心跳和呼吸停止的施救准备。

（4）如触电者伤势很重，呼吸或心跳停止，或者二者都已停止，应针对不同情况的"假死"现象进行处理。如呼吸停止，用口对口人工呼吸方法救治；如心跳停止，用胸外心脏压挤法进行救治；如呼吸和心跳均已停止，则同时使用上述两种方法，并尽快向医院告急，即使在送医院途中也不能停止急救。

2．口对口人工呼吸法

口对口人工呼吸法是对呼吸停止和呼吸特别微弱的触电者采取的效果最好的施救方法。具体可按以下步骤进行。

（1）使触电者仰卧，解开妨碍呼吸的衣领、上衣、裤带；再将其颈部伸直，头部后仰，掰开口腔，清除口中脏物，取下假牙，确保进出人体的气流畅通无阻。准备工作完成后，按图 3-7 进行施救。

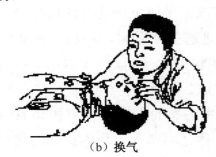

（a）吹气 　　　　　　　　　　　（b）换气

图 3-7　口对口人工呼吸法示意图

（2）救护者在触电者头部一侧，一只手捏住触电者的鼻子，另一只手托其颈部并上抬，使头部自然后仰。

（3）救护者深吸气后紧贴触电者的口部吹气，用时约 2s，并观察触电者胸部的隆起程度，掌握合适的吹气量。

（4）吹气完毕，迅速离开触电者的嘴，并松开触电者的鼻孔，让其自行向外呼气，用时约 3s。

按照以上步骤，反复进行，直到触电者能自行呼吸为止。注意对儿童吹气不必捏鼻孔，防止吹破肺泡，而且吹呼气周期应适当缩短。

3．胸外心脏压挤法

对于心脏停止跳动的触电者，须采用胸外心脏压挤法进行紧急抢救。其操作示意图如图 3-8 所示。

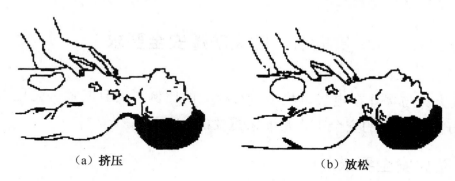

（a）挤压　　　　　　　　　　　　（b）放松

图 3-8　胸外心脏压挤法示意图

胸外心脏压挤法分以下几个主要步骤进行。

（1）使触电者仰卧在平整且坚实的地方，救护者跪跨在触电者一侧或腰部两侧。

（2）救护者一只手手掌根部放在触电者心窝上方，中指指尖对准颈根凹堂下缘，另一只手压在那只手的背上呈交叠状，用力垂直向下挤压。成人要使胸廓下陷 3～4cm，使心室的血液被压出流向全身各部。

（3）挤压后双掌迅速放松，让触电者胸腔自动复位，心脏舒张，血液流回心室。放松时交叠的双掌不必离开胸部，只是不用力而已。挤压频率：成人每分钟 60 次左右，儿童每分钟 100 次左右，且儿童用力要轻一些，以免损坏胸骨。

另外，在做胸外心脏压挤操作时，要注意挤压位置和姿势必须正确，接触胸部只能用手掌根，用力要对脊柱方向，下压要有节奏，有一定的冲击性，但不能用太大的爆发力，挤压时间和放松时间大体相等。如果遇到心跳和呼吸都已停止的触电者，最好有两人参与抢救，但必须配合默契。如果只有一人，则要两种方法交替进行。可先口对口对触电者吹气 2 次或 3 次，再做胸外心脏挤压 15～18 次，如此反复进行，直到救活或经医生确诊死亡为止。

4．思考与练习

（1）怎样使触电者尽快脱离电源？

（2）触电者脱离电源后，怎样根据不同情况进行救治？

（3）口对口人工呼吸的要领有哪些？

（4）胸外心脏压挤的要领有哪些？

（5）何人有权做出触电死亡的诊断？

第五节　防火防爆安全要求

电气火灾与爆炸在电气事故中占有很大的比例，而且其危害是巨大的。因此，做好防火防爆的安全工作是非常重要的。

1．防火安全要求

1）引发电气火灾的原因

要做好电气防火安全工作，必须先搞清楚引起电气火灾的主要原因。电气火灾主要是设备过热和电火花、电弧引起的。

（1）电气设备或线路过热。

引起电气设备或线路过热的主要原因有以下几种。

① 短路。

线路发生短路时，电流会数倍甚至几十倍增加，如短路保护元件动作时间达不到要求，便会使温度急剧上升。当温度达到可燃物的自燃点时，必然会引起火灾。

引起短路的主要原因有：电气设备或线路的绝缘老化变质，或受高温、潮湿和腐蚀性物质的作用而使设备失去绝缘能力；设备安装不当，使电气设备的绝缘破损；在安装检修过程中操作失误，造成碰线或碰壳；在雷击等过电压的作用下使电气设备的绝缘遭到破坏而形成短路。因此，在电气设备运行过程中短路故障是主要的电气预防项目。

② 过载。

过载即超过设备的额定电流。过载必然会引起过热，从而使温度升高。引起过载的主要原因有：设计时选用设备和线路不合理，从而在额定负载下产生过热；使用不合理，即引起线路或设备的负载超过额定值；超时运行，超过设

备或线路的承受能力而引起过热。

③ 接触不良。

导线接头连接不牢固、焊接不良或接头处混有杂质、活动触头压力不足、接线螺钉松动、导电接合面锈钝等都将导致接触电阻增大，从而使接触面过热，温度升高。

④ 散热不良。

电气设备的散热通风措施受到破坏，必然会导致设备过热。还有一些直接利用热源的电气设备，如电炉和工作温度较高的碘钨灯等，若安置或使用不当，均可能因散热不良而引起火灾。

⑤ 铁芯发热。

变压器、电动机等大型电气设备的铁芯，若设计截面过小，或铁芯绝缘损坏和长时间过电压，都将导致磁滞损耗和涡流损耗增加而使设备过热。

（2）电火花或电弧。

电火花是电极间的击穿放电现象，大量的电火花汇集便形成电弧。电火花和电弧会产生数千度的高温，在易燃易爆场所是最危险的引燃源。电火花分工作火花和事故火花两类。

工作火花是指电气设备正常工作时产生的火花。如电器触点闭合和断开过程、直流电动机电刷与整流子滑动接触处、插销拔出和插入时产生的火花都属于工作火花。

事故火花是设备或线路故障时出现的火花。如发生短路或接地时出现的火花、绝缘损坏时出现的闪光、过电压放电火花、静电火花及检修工作中误操作引起的火花都属于事故火花。无论是正常工作火花还是事故火花，在防火防爆环境中都应受到限制和避免。

2）电气防火安全措施

电气防火安全措施主要是针对设备过热和电火花或电弧的危害而采取的一系列防范措施。重点从以下几个方面来考虑。

（1）电气设备。

① 电气设备的额定功率一定要大于负载的额定功率，并且要设置可靠的短路和过载保护装置。

② 电气设备所用导线的截面积允许电流要大于负载电流，且留有一定的裕量。

③ 电气设备的绝缘要符合安全要求。

④ 对于配电箱、开关箱，电器元件之间的距离及其与箱体之间的距离应符合电气规范，电气设备的安装要符合一定的安全距离。

⑤ 配电箱和开关箱材质要选用铁板或优质绝缘材料，不得采用木质材料。

⑥ 电气设备活动触头和不可卸触头都要保持接触良好。

⑦ 电气设备和线路周围严禁堆放易燃、易爆物质，不得在电气设备旁使用火源。

⑧ 加强电气设备的日常维护和保养工作。

（2）照明灯具及附件。

灯具应完整、无损伤，附件齐全，普通灯具要有安全认证标志。灯具的架设要离开易燃物 30cm 以上，固定架设高度不低于 2.5m，室外不低于 3m。

（3）开关、插座。

开关与插座中不同极性带电部件间要有合理的电气间隙和爬电距离。开关、插座、接线盒及塑料绝缘材料应具有阻燃性能。油库的拉线开关应装于库门外。

（4）电线、电缆。

要选用正规厂家生产的电线和电缆，而且必须有安全认证标志；常用的 BV 型绝缘电线的绝缘厚度应不小于规定值，截面积误差不应超过允许值。

（5）在配电房、变压器房、柴油机房及用电设备较集中的地方要配备足够数量的灭火器具。

（6）一旦出现电气火灾，应迅速、及时扑灭。在电气火灾扑灭过程中，应注意防止触电。不得用泡沫灭火器带电灭火，带电灭火应采用干粉、二氧化碳、1211 等灭火器；人及所带器材与带电体之间应保持足够的安全距离；对架空线路等空中设施灭火时，人与带电体之间的仰角不应超过 45°；如带电导线落地，应在落地点周围画警戒圈，防止跨步电压触电。

2. 防爆安全要求

电气爆炸与电气火灾有直接联系，因此，防爆安全除遵循防火安全要求外，还要根据不同的危险环境从以下几个方面做好防爆安全工作。

1）防爆电气设备的选用

防爆电气设备的选用，应根据安装地点的危险等级、危险物质的组别和级别、电气设备的使用条件来考虑。所选用的电气设备的组别和级别不应低于该环境中危险物质的组别和级别。当存在两个以上危险物质时，应按危险程度高的危险物质选用。

在爆炸危险环境中，应尽量不用或少用携带式电气设备，还应尽量少安装插销座。

2）防爆电气线路

在爆炸危险环境和火灾危险环境中，电气线路的安装位置、敷设方式、导线材质、连接方法等均应与区域危险等级相适应。

（1）爆炸危险环境的电气线路应当敷设在爆炸危险性小或距离释放源较远的位置。一般电气线路宜沿有爆炸危险的建筑物的外墙敷设。当爆炸危险气体比空气重时，电气线路应在高处敷设，电缆可直接埋地敷设或电缆沟充砂敷设。

（2）10kV 及以下的架空线路不得跨越爆炸危险环境；当架空线路与爆炸危险线路临近时，其间距不得小于杆塔高度的 1.5 倍。

（3）爆炸危险环境的电气线路宜采用钢管配线和电缆配线。固定敷设的电力电缆应采用铠装电缆。采用非铠装电缆应考虑机械防护。对于非固定敷设的电缆应采用非燃性橡胶防护套电缆。

（4）对于正常运行可能出现爆炸性气体混合物环境和连续出现爆炸性粉尘环境中的所有电气线路，应采用截面积不小于 $2.5mm^2$ 的铜芯导线；一般危险区域的电气线路应采用截面积不小于 $1.5mm^2$ 的铜芯导线或 $4mm^2$ 的铝芯导线。

（5）爆炸危险环境宜采用交联聚乙烯、聚乙烯、聚氯乙烯或合成橡胶绝缘及有护套的电线。爆炸危险环境所用电缆宜采用有耐热、阻燃、耐腐蚀绝缘的电缆，不宜采用油浸纸绝缘电缆。

（6）在爆炸危险环境中，低压电力及照明线路所用电线和电缆的额定电压不得低于工作电压，并不得低于 500V。工作零线应与相线有同样的绝缘能力，并应在同一护套内。

（7）爆炸危险环境电气配线与电气设备的连接必须符合防爆要求。常用的有压盘式和压紧螺母式引入装置，连接处应用密封圈密封或浇封。采用铝芯导

线时，必须采用压接或熔焊；铜铝连接处必须采用铜铝过渡接头。电缆线路不应有中间接头。采用钢管配线时，螺纹连接不得少于 6 扣。钢管连接的螺纹部分应涂以铅油或磷化膏。

（8）导线允许载流量不应小于熔断器熔体额定电流和断路器长延时过电流脱扣器整定电流的 1.25 倍或电动机额定电流的 1.25 倍。高压线路应按短路电流进行热稳定校验。

（9）敷设电气线路的沟道以及保护管、电缆或钢管在穿过爆炸危险环境等级不同的区域之间的隔墙或楼板时，应用非燃性材料严密堵塞。

3）防爆安全技术

（1）消除或减少爆炸性混合物。

消除或减少爆炸性混合物包括采取封闭式作业，防止爆炸性混合物泄漏；清理现场积尘，防止爆炸性混合物积累；设计正压室，防止爆炸性混合物侵入有引燃源的区域；在危险空间充填惰性气体或不活泼气体。

（2）采用隔离措施。

对于危险性大的设备应分室安装，并在隔墙上采取封堵措施，防止爆炸性混合物进入。对于火灾危险性或爆炸性较大的环境应采用防爆隔墙或隔板。10kV 及以下的变、配电室也不宜设在爆炸危险环境或火灾危险环境的正上方或正下方，与爆炸危险环境或火灾危险环境相邻时，最多只能有两面墙与危险环境公用。

为了防止电火花或危险温度引起火灾与爆炸，开关、插销、熔断器、电热器具、照明器具、电焊设备等应根据需要，适当避开易燃物或易燃建筑构件。

（3）消除引燃源。

消除引燃源主要包括以下措施。

① 按爆炸危险环境的特征和危险物的级别、组别选用电气设备和设计线路。

② 保持电气设备和电气线路安全运行。安全运行包括电流、电压、温升和温度不超过允许范围，还包括绝缘良好、连接和接触良好、整体完好无损、标志清晰等。在爆炸危险环境中，一般情况下不做电气测量工作。

（4）接地措施。

爆炸危险环境的接地（或接零）要求高，应注意以下几点。

① 在爆炸危险环境中使用的电气设备，均应接地（或接零），并将所有不带电的金属构件做等电位连接。

② 在爆炸危险环境中，如低压由接地系统配电，则不应采用 TN-C 系统，应采用 TN-S 系统，即工作零线和保护零线分开。保护导线的最小截面积，铜导线不小于 4mm²，钢导线不小于 6mm²。

③ 若低压由不接地系统配电，应采用 IT 系统，并装有自动断电保护装置，或装有能发出声、光双重信号的报警装置。

3．思考与练习

（1）电气设备过热的主要原因有哪些？

（2）电气设备防火安全要求是什么？

（3）事故火花与工作火花有什么区别？

（4）防爆安全技术有哪几种？

（5）防爆电气线路所用导线的允许载流量如何确定？

第六节　线路检修安全要求

1．停电检修安全要求

低压线路的检修一般应停电进行。停电检修既能防止检修人员的触电危险，又能消除操作者的思想顾虑，提高检修质量和工作效率。但停电检修必须遵守停电检修的安全规则和要求，否则还有可能发生触电事故。

1）停电检修安全措施

（1）停电时，应绝对切断可能输入被检修电路或设备的所有电源，而且应有明显的分断点。同时，在分断点处要挂出"有人操作，禁止合闸"的警示牌。

（2）检修前，必须用验电器复查被检修的电路，证明确实无电后，才能开始进行检修。

（3）为防止意外的电源输入和误合闸现象发生，应在检修点附近安装临时接地线，即将所有相线互相短路后再接地。这样人为制造相间短路或对地短路，

即使在检修中有人误送电，也会使总开关跳闸或熔断器熔断，确保操作者人身安全。

2）恢复送电的正确步骤

（1）线路和设备检修完毕，应仔细检查是否有遗漏和不合要求的地方，包括应该拆换的导线和元器件、应排除的故障点、应恢复的绝缘层是否全部处理完好。同时还应检查是否有工具、器材等留在线路和设备上，工作人员是否全部撤离现场。

（2）拆除检修前安装的临时接地装置和各相临时对地短路线或相间短路线，并取下电源分断点处的警示牌。

（3）按正确操作顺序向已修复的电路或设备供电。在恢复送电接线时，应先接负载，然后接电源。但合闸时，应先合电源隔离开关，再合负荷开关，最后合断路器。

2．带电检修安全要求

带电检修必须在非常时期进行。操作者应穿长袖工作服，穿戴安全工作帽、绝缘手套、绝缘靴和相关的防护用品，使用必要的安全绝缘用具。同时还要严格遵守带电检修安全规程，执行好带电检修安全措施。

1）带电检修安全规程

（1）带电检修必须执行电气检修工作票制度，并明确工作票签发人、工作负责人、工作许可人的责任，办理完许可手续后方可作业。

（2）带电检修人员必须与大地保持良好绝缘。在检修现场，检修人员脚下应垫上干燥木板、塑料板或橡胶垫。

（3）检修供电线路时，应分断用电设备，不使被检修的供电系统形成回路；检修用电设备时，应分断供电线路，不使该设备带电。

（4）坚持单线操作，严禁人体同时接触两个带电体。若检修现场有两相及以上带电体，应采用绝缘或遮挡措施。

（5）带电接线时，应先完成一个线头的连接并处理好绝缘，再开始剥削第二个线头的绝缘层。剪断带电导线时，不得同时剪断两根及以上电线，只能一次剪断一根；而且应先剪断相线，后剪断零线。

（6）带电检修应在良好的天气进行。雷雨、雪、雾等恶劣天气一般不得进行带电检修。

（7）严禁利用事故停电间隙进行检修工作。

2）带电检修安全措施

（1）带电作业所使用的工具应绝缘良好、连接牢固、转动灵活。在作业现场工具应放置在防潮的帆布或绝缘垫上。

（2）带电检修前应弄清线路的布局，正确区分出相线、零线和保护接地线，理清主回路、二次回路、照明回路和动力回路。

（3）检修场所用电必须设置电源配电箱，不得随意拆用原来的电气设备的电源。

（4）严禁带负荷断接线。

（5）带电作业不得使用非绝缘绳索。作业现场应设置围栏，严禁非工作人员入内。

（6）带电更换绝缘子时，应防止导线脱落。

（7）带电断接空载线路、耦合电容、避雷器等设备引线时，应采取防止引线摆动的措施。

（8）非特殊需要，不应在跨越处下方，或者邻近电力线路或其他弱电线路的栏内进行带电架、拆线的工作。

（9）带电作业应保持人身与带电体间的有效安全距离，良好绝缘子数应不少于规定数。

（10）带电检修时，不准随意拉设临时线路，确实需要拉设临时线路的必须办理临时用电申请手续。临时线路的开关及设备，使用完毕应及时拆除。

（11）验电、放电、检修等作业，必须由负责人指派有经验的人员监护，电气试验也应由两人进行，并按带电作业要求采取安全措施。

（12）检修变压器及开关时，禁止使用火炉、喷灯等工具。

（13）在带电的低压装置上检修时，应采取防止相间短路和单相接地的绝缘措施。

3．思考与练习

（1）停电检修线路有哪些安全措施？

（2）恢复送电的正确步骤是什么？

（3）带电检修必须执行工作票制度，工作负责人是否可以作为工作票签发人？

（4）带电检修前，操作者应做哪些准备工作？

（5）带电接线应注意哪些问题？所用作业工具有哪些要求？

第七节　维修电工安全技术问题简答

1．电动机常采用熔断器做短路保护，当运行电流达到熔体的额定电流时，熔体能否很快熔断？

答：不能。

2．一般电器和仪表上标注的交流电压、交流电流数值指的是什么值？

答：有效值。

3．电工仪表中电流表的内阻是很小的，应采用串联接法，电压表的情况又如何呢？

答：电压表的内阻是很大的，应采用并联接法。

4．绝缘材料的绝缘强度是指绝缘的什么性能？

答：耐压。

5．我国标准规定安全电压额定值有工频 42V、36V、24V、12V、6V 五种，则工频安全电压的限值为多少伏？

答：50V。

6．连续工作制的电动机满载运行时，运行时间越长，其温升是否就越高？

答：不是。

7．交流接触器铁芯中的短路环起什么作用？

答：减少运行中的振动和噪声。

8．自耦减压启动器是否可以频繁操作？

答：不可以。

9．三相四线制配电网中的零线上能否装熔丝和开关？

答：不能。

10．安装漏电保护器后，是否可以取消原有的接地或接零保护？

答：不可以。

11．避雷针能否用来保护变压器免受雷击？

答：不能。

12．异步电动机的同步转速与极数成什么比例？

答：成反比。

13．在接零系统中，单相 3 孔插座的工作零线 N 能否跟保护零线的接线孔连在一起？

答：不能。

14．正常情况下，TN-S 系统中 PE 线上是否有不平衡电流流过？

答：没有。

15．E 级绝缘的允许极限温度为 120℃，允许温升为 75℃，当电动机在炎热的夏天工作时，其温升定会升高，该说法正确吗？

答：不正确。

16．低压断路器的失压脱扣器动作电压是额定电压的什么范围？

答：40%～75%。

17．一个阻值为 3Ω 的电阻和一个感抗为 4Ω 的电感线圈串联，则电路的功率因数为多少？

答：0.6。

18．三相两元件电度表适用于测量什么线路的电能？

答：三相三线制线路。

19．感应系仪表主要用于做成什么表？

答：电能表。

20．新装和大修后的低压设备和线路最低绝缘电阻值是多少？

答：0.5MΩ。

21．高灵敏漏电保护器的动作电流应不大于多少毫安？

答：30mA。

22．家用漏电保护器每隔多长时间应按动一次试验按钮？

答：一个月。

23．在金属容器、矿井、隧道内使用的手提照明灯应采用多少伏的安全电压？

答：12V。

24．携带式电气设备的绝缘电阻应不低于多少欧姆？

答：2MΩ。

25．户内临时栅栏高度不应低于 1.2m，户外不低于 1.5m；户外变电装置围墙高度一般不应低于多少米？

答：2.5m。

26．直接埋地电缆埋设深度不应小于多少米？

答：0.7m。

27．10kV 导线与建筑物的最小垂直距离为 3m，最小水平距离应为多少米？

答：1.5m。

28．成套开关柜上漏电保护器动作电流不小于 100mA，防止电气火灾用漏电保护器应整定为多少毫安？

答：300mA。

29．漏电保护器后面的工作零线能不能重复接地？

答：不能。

30．电气隔离的实质是什么？

答：电气隔离的实质就是将接地的电网变换为不接地的电网，从而降低触电概率。

31．单相安全隔离变压器额定容量不超过多少？

答：10kVA。

32．防雷接地装置采用圆钢时最小直径为多少毫米？

答：10mm。

33．装在烟囱上方的避雷网和避雷带用圆钢直径不得小于 12mm，若用扁钢，截面积不小于多少？

答：100mm^2。

34．防雷接地装置距建筑物出入口人行道的距离不应小于多少米？

答：3m。

35．防雷接地装置的接地电阻一般不大于多少欧姆？

答：10Ω。

36．氧化锌避雷器与阀型避雷器相比，哪个具有动作迅速、通流容量大、结构简单、可靠性高等优点？

答：氧化锌避雷器。

37．阀型避雷器串联的火花间隙和阀片越多，则承受的电压是否越高？

答：是。

38．羊角避雷器一个电极接线路，另一个电极接什么？

答：接地。

39．静电电压高时可以达到多少伏？

答：数万伏。

40．用泄漏法消除静电是要提高绝缘电阻值还是降低绝缘电阻值？

答：降低绝缘电阻值。

41．电气设备过热主要由什么引起？

答：主要由电流产生的热量引起。

42．接地体的连接是否要采用焊接？

答：是。

43．工作票应用钢笔和圆珠笔书写，工作负责人是否可以签发工作票？

答：不可以。

44．由专用变压器配电的建筑施工现场应采用什么保护系统？

答：TN-S系统。

45．保护接地适用于什么配电网？

答：电源中性点不接地的配电网。

46．纯电阻电路中电压与电流是否同相位？

答：是。

47．电动机铭牌上的额定电流是线电流，额定功率是输出功率吗？

答：是。

48．电动机的实际容量为额定容量的多少倍时，功率因数较高？

答：75%～80%。

49．采用扁钢做防雷装置引下线时，其截面积不应小于多少平方毫米？

答：100mm²。

50．软启动采用的调压方式是自动还是手动？

答：自动。

51．电磁启动器主要由什么组成？

答：接触器、按钮、热继电器。

52．保护接零的工作原理是什么？

答：将故障电流扩大为短路电流，使短路保护装置动作切断电源。

53．能用星-三角启动的电动机其额定相电压是多少伏？

答：380V。

54．阀型避雷器由火花间隙和什么组成？

答：阀电阻片。

55．拉长电弧的灭弧方式是沿电弧切线方向或法线方向拉长电弧，这种说法是否正确？

答：正确。

56．用什么物理量来反映电源中电能和线圈磁场能的相互转换？

答：无功功率。

57．电气防火用漏电报警装置的动作电流取多少毫安较合适？

答：200～300mA。

58．发生心室纤维颤动时，血液循环实际上是中止的，则触电抢救能否打强心针？

答：不能。

59．建筑物上安装避雷针能否防止雷电侵入波侵入室内？

答：不能。

60．防雷装置的引下线一般采用什么制作？

答：圆钢和扁钢。

61．熔断器一般只做短路保护，在什么情况下如熔芯选择合理也具有过载保护功能？

答：电阻性负载。

62．变压比为1的隔离变压器二次侧能否接地？

答：不能。

63．同样瓦数的白炽灯和日光灯正常工作时，谁的电流大一些？

答：日光灯。

64．漏电保护器后方的线路是否要保持独立？

答：是。

65．降低室温能否起到预防电气设备绝缘事故的作用？

答：不能。

66．装置式低压断路器的瞬时动作电流整定范围为其额定电流的 4～10 倍，该说法对吗？

答：对。

67．PE 线不能穿过漏电保护器，PEN 线是否可以穿过漏电保护器？

答：不可以。

68．组合开关属于刀开关类，因此它只能控制多少千瓦以下电动机的运行？

答：5.5kW。

69．重复接地的主要作用是什么？

答：降低触电事故的危险性。

70．Ⅰ类设备的绝缘电阻应不低于 2MΩ，Ⅱ类设备的绝缘电阻应不低于多少？

答：7MΩ。

71．三相电能表中一相电流线圈反接，则电能表转速如何变化？

答：转速降低。

72．电磁系仪表主要用来测量什么电？

答：交流电。

73．导体电阻率的单位是什么？

答：$\Omega \cdot m$。

74．TN-C 系统 PEN 线断线后，如果设备不存在漏电现象，则设备外壳是否还有存在危险电压的可能？

答：是。

75．一般场所保护接地电阻要求不大于 4Ω，重复接地电阻应不大于多少欧姆？

答：10Ω。

76．避雷针接闪器是把雷电引向自身，接受雷击放电，该说法正确吗？

答：正确。

77．电气设备的重复接地装置是否可以与独立避雷针的接地装置连接起来？

答：不可以。

78．电路运行状态是断路器和隔离开关都处在合闸位置的状态，该说法正确吗？

答：正确。

79．保护配电变压器的阀型避雷器，是否只要安装在变压器一次侧就可以了？

答：不可以。

80．停电操作应先断开断路器，后断开负荷开关，最后断开电源侧隔离开关，该说法正确吗？

答：正确。

81．阀电阻片具有非线性特性，该说法正确吗？

答：正确。

82．接地体上端离地面深度不应小于 0.6m，并应在冰冻层以下，该说法正确吗？

答：正确。

83．独立避雷针的接地体与其他邻近接地体之间的最小距离为多少米？

答：3m。

84．漏电保护装置的额定不动作电流不得低于额定动作电流的多少倍？

答：0.5。

85．装设在烟囱顶端用圆钢制作的避雷针，其圆钢直径不得小于多少毫米？

答：20mm。

86．电流型漏电保护器采用什么作为检测元件？

答：零序电流互感器。

87．电流互感器在使用中二次侧能否开路？

答：不能。

88．隔离回路带有多台用电设备，则多台设备的金属外壳应采取什么措施？

答：等电位连接。

89．安全隔离变压器输入回路与输出回路之间的绝缘电阻不应低于多少？

答：5MΩ。

90．标准上规定的防雷装置的接地电阻一般指什么电阻？

答：冲击电阻。

91．FS系列阀型避雷器主要由什么组成？

答：由瓷套、火花间隙、非线性电阻组成。

92．消防设备的电源线路只能装设不切断电源的漏电报警装置，该说法正确吗？

答：正确。

93．交流接触器既可以实现远距离控制，又具有失压保护功能，该说法对吗？

答：对。

94．送电操作应先合上电源侧隔离开关，后合上负荷开关，最后合上断路器，该说法正确吗？

答：正确。

95．宾馆客房内的插座是否应装漏电保护器？

答：是。

96．电弧温度高达多少度？

答：7000℃及以上。

97．带电检修电路时，接线应先接零线，再接相线，拆线时应先拆什么线？

答：相线。

98．火灾与爆炸发生的条件：一是环境存在足够的易燃易爆物质，二是有引燃引爆的能源，该说法正确吗？

答：正确。

99．10kV及以下的架空线路与爆炸危险环境临近时，其间距不得小于杆塔高度多少倍？

答：1.5倍。

100．5kV绝缘手套在1kV以上电压区禁止使用，在多少伏电压以下作业可以作为基本安全用具？

答：250V。

101．工作零线必须经过漏电保护器，而保护零线能否经过漏电保护器？

答：不能。

102．电流继电器能否作为电流型漏电保护装置的检测元件？

答：不能。

103．电气设备采用多少伏以上特低电压时，必须采取直接接触电击的防护措施？

答：24V。

104．手持电动工具根据保护特性分为几类？

答：三类。

105．避雷线能否用来保护电力设备？

答：不能。

106．塑料绝缘线和橡皮绝缘线的最高温度一般不超过 70℃，该说法正确吗？

答：不正确。

107．防雷装置的引下线应满足机械强度、耐腐蚀和热稳定性的要求，该说法正确吗？

答：正确。

108．低压电器是工作在交流 1000V、直流 1200V 及以下的电器，低压电器分为几类？

答：分为两类。

109．测量 380V 电动机绕组绝缘电阻宜选用什么规格的兆欧表？

答：500～1000V。

110．低压配电装置正面通道的宽度，单列布置时不应小于 1.5m，双列布置时不应小于多少米？

答：2m。

111．低压配电装置背面通道一般不应小于 1m，有困难时可减为多少米？

答：0.8m。

112．照明电路常见故障有哪几种？

答：断路、短路、漏电。

113．螺口灯头在装上灯泡后，灯泡的金属螺口不应外露，且应接在什么线上？

答：零线上。

114．在多级保护场合，上一级熔断器的熔断时间一般应大于下一级的多少倍？

答：3 倍。

115．额定相电压为 220V 的电动机应采用何种连接方法？

答：星形接法。

116．工作票签发人可否兼任该项工作的工作负责人？

答：不可以。

117．断路器的额定电流及其电流脱扣器的额定电流不应小于线路计算负荷电流，断路器的极限通断能力应大于线路最大短路电流，该说法正确吗？

答：正确。

118．单相负载能否在漏电保护器两端跨接？

答：不能。

119．电气灭火不得使用泡沫灭火器，对架空线路等空中设备灭火时，人与带电体之间的仰角不应超过多少度？

答：45°。

120．在同一个电源变压器下，能否一部分设备采用"保护接地"，另一部分设备采用"保护接零"？

答：不能。

实验课时分配表

实 验 序 号	课 时	实 验 序 号	课 时
实验一	1	实验十二	6
实验二	1	实验十三	6
实验三	2	实验十四	5
实验四	2	实验十五	5
实验五	2	实验十六	5
实验六	2	实验十七	5
实验七	2	实验十八	4
实验八	2	实验十九	5
实验九	2	实验二十	5
实验十	2	实验二十一	5
实验十一	2	实验二十二	5

说明：由于学生素质和专业知识掌握程度的差异较大，上述实验课时分配仅供参考。

参 考 文 献

[1] 尚艳华. 电力拖动[M]. 北京：电子工业出版社，2007.

[2] 李显全. 维修电工[M]. 北京：劳动出版社，2001.

[3] 曾祥富，邓朝平. 电工技能与实训[M]. 北京：高等教育出版社，2006.

[4] 王建. 维修电工专业复习指导[M]. 北京：中国劳动社会保障出版社，2004.

[5] 曹光华，王超，吴兆祥. 电工安全技术[M]. 合肥：安徽人民出版社，2010.

[6] 曲世慧，刘衍胜. 电工作业[M]. 北京：气象出版社，2009.

读者意见反馈表

书名：电力拖动实验　　　　　　　主编：胡家炎　　　　　　　责任编辑：杨宏利

> 感谢您购买本书。为了能为您提供更优秀的教材，请您抽出宝贵的时间，将您的意见以下表的方式（可发 E-mail :yhl@phei.com.cn 索取本反馈表的电子版文件）及时告知我们，以改进我们的服务。**对采用您的意见进行修订的教材，我们将在该书的前言中进行说明并赠送您样书。**

个人资料

姓名＿＿＿＿＿＿电话＿＿＿＿＿手机＿＿＿＿＿＿　E-mail＿＿＿＿＿＿＿＿＿＿＿＿＿

学校＿＿＿＿＿＿＿＿＿＿＿＿＿专业＿＿＿＿＿＿职称或职务＿＿＿＿＿＿＿＿＿＿＿

通信地址＿＿＿＿＿＿＿＿＿＿＿＿＿＿＿＿＿＿　邮编＿＿＿＿＿＿＿＿＿＿

所讲授课程＿＿＿＿＿＿＿＿所使用教材＿＿＿＿＿＿＿＿课时＿＿＿＿＿＿＿

影响您选定教材的因素（可复选）

□内容　□作者　□装帧设计　□篇幅　□价格　□出版社　□是否获奖　□上级要求

□广告　□其他＿＿＿＿＿＿＿＿＿＿＿＿＿＿＿

您希望本书在哪些方面加以改进？（请详细填写，您的意见对我们十分重要）

＿＿＿＿＿＿＿＿＿＿＿＿＿＿＿＿＿＿＿＿＿＿＿＿＿＿＿＿＿＿＿＿＿＿＿

＿＿＿＿＿＿＿＿＿＿＿＿＿＿＿＿＿＿＿＿＿＿＿＿＿＿＿＿＿＿＿＿＿＿＿

＿＿＿＿＿＿＿＿＿＿＿＿＿＿＿＿＿＿＿＿＿＿＿＿＿＿＿＿＿＿＿＿＿＿＿

＿＿＿＿＿＿＿＿＿＿＿＿＿＿＿＿＿＿＿＿＿＿＿＿＿＿＿＿＿＿＿＿＿＿＿

＿＿＿＿＿＿＿＿＿＿＿＿＿＿＿＿＿＿＿＿＿＿＿＿＿＿＿＿＿＿＿＿＿＿＿

您希望随本书配套提供哪些相关内容？

□教学大纲　□电子教案　□习题答案　□无所谓　□其他＿＿＿＿＿＿＿＿＿＿＿

您还希望得到哪些专业方向教材的出版信息？

＿＿＿＿＿＿＿＿＿＿＿＿＿＿＿＿＿＿＿＿＿＿＿＿＿＿＿＿＿＿＿＿＿＿＿

您是否有教材著作计划？如有可联系：010-88254587

＿＿＿＿＿＿＿＿＿＿＿＿＿＿＿＿＿＿＿＿＿＿＿＿＿＿＿＿＿＿＿＿＿＿＿

您学校开设课程的情况

本校是否开设相关专业的课程　□否　　□是

如有相关课程的开设，本书是否适用贵校的实际教学＿＿＿＿＿＿

贵校所使用教材＿＿＿＿＿＿＿＿＿＿＿＿＿＿　出版单位＿＿＿＿＿＿＿＿＿＿

本书可否作为你们的教材　□否　　□是，会用于＿＿＿＿＿＿＿＿＿＿课程教学

谢谢您的配合，请将该反馈表寄到下面地址，或发 E-mail :yhl@phei.com.cn 索取电子版文件填写。

通信地址：北京市万寿路 173 信箱　　杨宏利　收　　电话：010-88254587　　邮编：100036

反侵权盗版声明

电子工业出版社依法对本作品享有专有出版权。任何未经权利人书面许可，复制、销售或通过信息网络传播本作品的行为，歪曲、篡改、剽窃本作品的行为，均违反《中华人民共和国著作权法》，其行为人应承担相应的民事责任和行政责任，构成犯罪的，将被依法追究刑事责任。

为了维护市场秩序，保护权利人的合法权益，我社将依法查处和打击侵权盗版的单位和个人。欢迎社会各界人士积极举报侵权盗版行为，本社将奖励举报有功人员，并保证举报人的信息不被泄露。

举报电话：（010）88254396；（010）88258888

传　　真：（010）88254397

E-mail：　dbqq@phei.com.cn

通信地址：北京市万寿路 173 信箱

　　　　　电子工业出版社总编办公室

邮　　编：100036